高等学校通用教材

航空航天概论(第5版)习题集

贾玉红 吴永康 编

北京航空航天大学出版社

内容简介

本书为普通高等教育“十二五”国家级规划教材和北京高等教育精品教材《航空航天概论(第5版)》的配套习题集。习题集按照教材内容顺序编排,将纷繁复杂的航空航天知识进行提炼和整理,以选择题、填空题和识图题等形式呈现,内容覆盖教材所涉及的全部知识点。习题集分为基础部分、深化部分、拓展部分和图片填空部分,内容由浅入深、循序渐进,可适应不同学时和不同层次教学的需求。

本书可以作为航空航天专业学生“航空航天概论”课程的辅助教材,也可以作为航空航天爱好者了解和掌握航空航天知识的简化版自学用书和航空航天知识竞赛题库。

图书在版编目(CIP)数据

航空航天概论(第5版)习题集 / 贾玉红,吴永康编
. -- 北京 : 北京航空航天大学出版社, 2022.8
ISBN 978-7-5124-3859-0

Ⅰ. ①航… Ⅱ. ①贾… ②吴… Ⅲ. ①航空学—高等学校—习题集②航天学—高等学校—习题集 Ⅳ. ①V2-44②V4-44

中国版本图书馆 CIP 数据核字(2022)第136521号

航空航天概论(第5版)习题集

贾玉红 吴永康 编

策划编辑 蔡 喆 责任编辑 蔡 喆

*

北京航空航天大学出版社出版发行

北京市海淀区学院路37号(邮编100191) http://www.buaapress.com.cn

发行部电话:(010)82317024 传真:(010)82328026

读者信箱:goodtextbook@126.com 邮购电话:(010)82316936

北京宏伟双华印刷有限公司印装 各地书店经销

*

开本:787×1 092 1/16 印张:7.5 字数:192千字

2022年8月第1版 2023年9月第3次印刷 印数:6 001~9 000册

ISBN 978-7-5124-3859-0 定价:29.00元

目　录

使 用 说 明

本习题集备有“**答题纸**”,由学生填写后裁剪下来提交,以便任课教师批改作业。答题纸根据教材章节设计,每章一份,使用时请注意与题目编号顺序对应。

为辅助教学,本书备有“**参考答案**”,选用本书的任课教师可以发送电子邮件免费索取。如广大师生和航空航天爱好者对本书的编写和出版有更好的建议,欢迎通过电子邮箱联系编者,以帮助本书不断改进。

联系邮箱:goodtextbook@126.com

推荐参考书

《航空航天概论(第 5 版)》(ISBN 978－7－5124－3860－6)

本教材第 1 版入选**国防科工委“十五”规划教材**，并被评为**国防科工委“十五”规划优秀教材**；第 2、3、4 版先后入选**北京高等教育精品教材**、**普通高等教育“十一五”国家级规划教材**和**“十二五”普通高等教育本科国家级规划教材**。教材基础知识系统全面、概念原理由浅入深、实例案例吐故纳新，经多年教学实践应用和不断改进，广受师生好评。

教材以飞行器(航空器和航天器)为中心，阐述了航空航天领域所涉及的基本概念、基本原理和基础知识，梳理了航空航天发展过程中的技术特点、发展规律及最新动态，系统、完整地再现了航空航天技术的发展历程及技术成果。全书共 6 章，分别介绍了航空航天发展概况、飞行原理、动力装置、机载设备与飞行控制、飞行器构造和地面试验和地面保障设施等方面的内容。

教材具有鲜明的航空航天特色，内容通俗易懂，注重基本概念、基本原理、基本构造的介绍；内容编排循序渐进，符合学生认知规律。教材配合文字阐述有大量插图，图文并茂，是广大读者和广大航空爱好者了解和认识航空航天技术的重要窗口。

本教材为航空航天专业高校的基础教材，本科各类专业学生均可使用。同时本教材还作为视频公开课、资源共享课和在线开放课程(MOOC)等网络教学平台学习的参考教材，也可供从事相关专业的人员参考。

《航空航天概论(第 5 版)习题集》中的题目均可在《航空航天概论(第 5 版)》书中找到相应答案。下面给出题目顺序与具体章节的对应关系列表，供读者参考。

《航空航天概论(第 5 版)习题集》							**《航空航天概论(第 5 版)》**
1　基础部分		2　深化部分		3　拓展部分		4　图片填空	
单项选择	多项选择	单项选择	多项选择	单项选择	多项选择		
1～92	1～37	1～51	1～18	1～39	1～16	1～2	第 1 章
93～176	38～85	52～94	19～29	40～64	17～28	3～8	第 2 章
177～236	86～123	95～129	30～52	65～76	29～30	9～15	第 3 章
237～324	124～168	130～167	53～65	77～112	31～46	16～17	第 4 章
325～378	169～226	168～205	66～80	113～135	47～66	18～28	第 5 章
				136～145	67～76	(1)～(7)	第 6 章

1　基础部分

1.1　单项选择

1. 中国空间站的核心舱是________。
  (A) 梦天　(B) 问天　(C) 天问　(D) 天和
2. 人类首架在其他行星上飞行的可控飞行器是________。
  (A) 机智号　(B) 毅力号　(C) 勇气号　(D) 好奇号
3. 中国首个火星探测器“天问”1号携带的火星车是________。
  (A) 麒麟号　(B) 祝融号　(C) 赤兔号　(D) 后羿号
4. 可重复使用的载人航天器除了航天飞机外还有________。
  (A) “猎鹰”9号　(B) “神舟”15号飞船
  (C) “龙”飞船　(D) 国际空间站
5. 歼20飞机________正式服役。
  (A) 2016年　(B) 2017年　(C) 2018年　(D) 2019年
6. 以下哪个型号不是________中国预警机的型号。
  (A) 空警500　(B) 空警600　(C) 空警2000　(D) 空警5000
7. “东风”17导弹属于________。
  (A) 高超声速弹道导弹　(B) 超声速地空导弹
  (C) 高超声速地空导弹　(D) 远程弹道导弹
8. ________飞船与空间站的成功对接，标志着中国空间站开启了长期有人驻留的时代。
  (A) “神舟”12号　(B) “神舟”13号
  (C) “神舟”14号　(D) “神舟”15号
9. ________是人类第一个着陆月球背面的探测器。
  (A) “勘探者”号　(B) “凤凰”号
  (C) “嫦娥”4号　(D) “嫦娥”5号
10. “嫦娥”5号返回器携带约________月球样品返回地球。
  (A) 1 kg　(B) 2 kg　(C) 10 kg　(D) 20 kg
11. 航空是指载人或不载人的飞行器在地球________的航行活动。
  (A) 高空　(B) 大气层中　(C) 宇宙　(D) 大气层外
12. 航天是指载人或不载人的航天器在地球________的航行活动。
  (A) 高空　(B) 大气层中　(C) 宇宙　(D) 大气层外
13. 轻于空气的航空器靠________升空。
  (A) 与空气相对运动产生升力　(B) 推力
  (C) 空气的静浮力　(D) 拉力

14. 重于空气的航空器靠________升空。
(A) 与空气相对运动产生升力　(B) 推力
(C) 空气的静浮力　(D) 拉力
15. 滑翔机是指没有________的重于空气的固定翼航空器。
(A) 动力装置　(B) 燃油系统
(C) 操纵系统　(D) 液压冷气系统
16. 美国________研制的V-22"鱼鹰"属于________。
(A) 贝尔/波音;直升机　(B) 洛克希德;倾转旋翼机
(C) 洛克希德;旋翼机　(D) 贝尔/波音;倾转旋翼机
17. ________,两个法国人乘坐蒙哥尔费气球,在1 000 m高的空中,飞行了12 km,完成了人类首次乘坐航空器飞行的伟大壮举。
(A) 1883年　(B) 1783年　(C) 1683年　(D) 1583年
18. ________,________的莱特兄弟驾驶他们自己制造的"飞行者"1号飞机飞行了4次,实现了人类最早的持续动力可控飞行。
(A) 1901年11月17日;美国　(B) 1903年12月17日;美国
(C) 1901年11月17日;英国　(D) 1903年11月17日;英国
19. 活塞式发动机和螺旋桨推进的飞机是不能突破"声障"的,________的出现解决了这一问题。
(A) 内燃机　(B) 蒸汽机
(C) 涡轮喷气发动机　(D) 电动机
20. 1947年10月14日,美国的________首次突破了"声障"。
(A) F-100飞机　(B) X-1研究机
(C) 米格-19　(D) X-5研究机
21. 1976年________超声速旅客机投入商业飞行,成为首架成功运营多年的超声速旅客机。
(A) 美国的B747　(B) 英法合作研制的"协和"号
(C) 欧洲空中客车公司的A350　(D) 美国的B787
22. 到目前为止世界上最大的旅客机为________。
(A) A380　(B) B747　(C) B787　(D) "协和"号飞机
23. 隐身飞机的第一个实用型号是________。
(A) B-2　(B) F-117　(C) B-1　(D) F-22
24. 装有远距离搜索雷达和相应的数据处理及通信设备,用于搜索、监视空中和海上目标的是________。
(A) 电子干扰机　(B) 空中预警机
(C) 侦察机　(D) 反潜机
25. 对敌方雷达和通信设备进行干扰的军用飞机为________。
(A) 电子干扰机　(B) 空中预警机
(C) 侦察机　(D) 反潜机
26. 专门用于搜集敌方军事情报的飞机为________。
(A) 巡逻机　(B) 空中预警机

(C) 侦察机　　(D) 反潜机

27. 图 1 所示的空中加油机的加油方式________为。

(A) 伸缩管式　　(B) 插头锥管式

(C) 嵌入式　　(D) 对接式

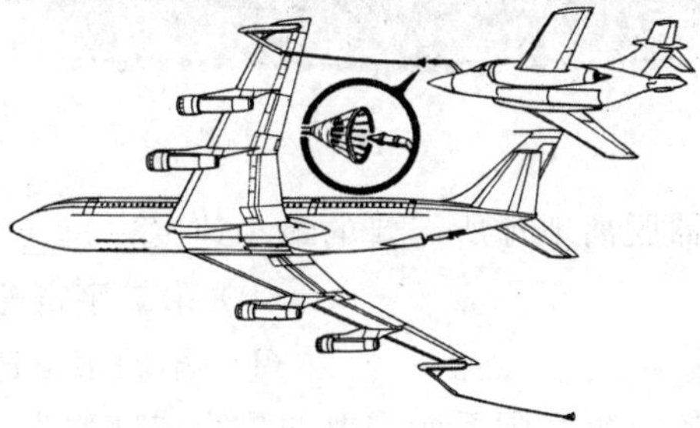

图 1

28. 图 2 所示的空中加油机的加油方式为________。

(A) 伸缩管式　　(B) 插头锥管式

(C) 嵌入式　　(D) 对接式

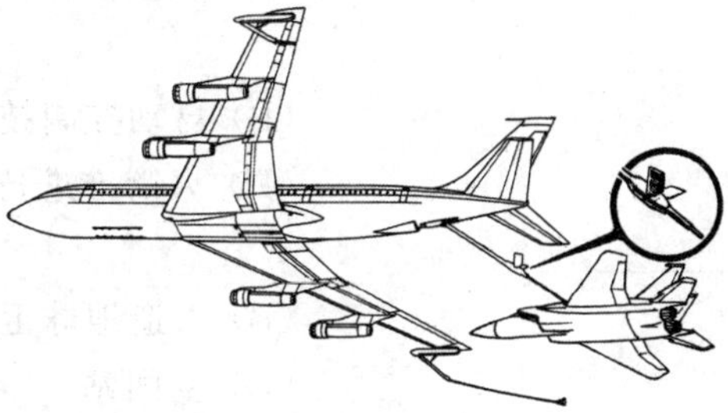

图 2

29. 迄今为止正式服役的飞机中飞得最高的有人驾驶的飞机是________。

(A) X-29　　(B) 米格-25　　(C) 苏-27　　(D) SR-71

30. 迄今为止正式服役的飞机中飞得最快的有人驾驶的飞机是________。

(A) X-29　　(B) 米格-25　　(C) 苏-27　　(D) SR-71

31. 第四代战斗机的典型代表是________。

(A) 美国的 F-22　　(B) 欧洲的 EF2000

(C) 法国的“阵风”　　(D) 瑞典的 JAS-39

32. 具有前掠翼的飞机是________。

(A) X-29　　(B) 苏-30　　(C) 苏-27　　(D) X-45

33. 图 3 所示无人机的名称是________。

(A) 捕食者　　(B) 全球鹰　　(C) 暗剑　　(D) 死神

34. 从地球表面发射的飞行器环绕地球飞行所需要的最小速度称为________。

(A) 第一宇宙速度　　(B) 第二宇宙速度

(C) 第三宇宙速度　　(D) 第四宇宙速度

图 3

35. 从地球表面发射的飞行器脱离地球所需要的最小速度称为________。
(A) 第一宇宙速度　(B) 第二宇宙速度
(C) 第三宇宙速度　(D) 第四宇宙速度

36. 从地球表面发射的飞行器飞出太阳系所需要的最小速度称为________。
(A) 第一宇宙速度　(B) 第二宇宙速度
(C) 第三宇宙速度　(D) 第四宇宙速度

37. 20世纪40年代初期,________的成功发射奠定了现代航天技术的基础。
(A) 小型液体火箭　(B) 小型固体火箭
(C) 大型液体火箭　(D) 大型固体火箭

38. 航天技术发展的基础是________。
(A) 电子技术　(B) 自动控制技术
(C) 制造工艺技术　(D) 火箭推进技术

39. 数量最多的航天器是________。
(A) 空间探测器　(B) 人造地球卫星
(C) 载人飞船　(D) 空间站

40. 世界上第一种可重复使用的航天运载工具是________。
(A) 宇宙飞船　(B) 空间站　(C) 航天飞机　(D) 空天飞机

41. ________年10月4日,苏联成功发射了世界上第一颗人造地球卫星。
(A) 1957　(B) 1958　(C) 1959　(D) 1960

42. ________年4月12日,苏联航天员加加林乘坐"东方"1号飞船首次进入太空。
(A) 1971　(B) 1969　(C) 1961　(D) 1957

43. ________年7月20日________航天员首次登上月球,随后又进行了多次登月活动。
(A) 1959;苏联　(B) 1959;美国
(C) 1969;苏联　(D) 1969;美国

44. 世界上第一个空间站是苏联于________年发射的"礼炮"号。
(A) 1970　(B) 1973　(C) 1971　(D) 1972

45. 目前飞离地球最远的探测器是________。
(A) "伽利略"号　(B) "麦哲伦"号
(C) "先驱者"10号　(D) "旅行者"1号

46. 美国研制的可重复使用的航天飞机于________年试飞成功。
(A) 1984　(B) 1982　(C) 1981　(D) 1983

47. 世界上第一架航天飞机的名称是"________"号。
(A) 挑战者 (B) 发现 (C) 奋进 (D) 哥伦比亚

48. 1986年,"________"号航天飞机失事,7名航天员全部遇难。
(A) 亚特兰蒂斯 (B) 挑战者
(C) 奋进 (D) 哥伦比亚

49. 2003年,"________"号航天飞机失事,7名航天员全部遇难。
(A) 亚特兰蒂斯 (B) 挑战者
(C) 奋进 (D) 哥伦比亚

50. 美国的航天飞机于________年全部退役。
(A) 2010 (B) 2011 (C) 2012 (D) 2013

51. 国际空间站是________年开始建设的。
(A) 1990 (B) 1995 (C) 1998 (D) 2001

52. 国际空间站的第一个模块是由________发射的。
(A) 美国 (B) 俄罗斯 (C) 法国 (D) 德国

53. 国际空间站全部建成后总质量超过________吨。
(A) 200 (B) 300 (C) 400 (D) 500

54. 目前使用的通信卫星一般为________。
(A) 地球静止轨道卫星 (B) 太阳静止轨道卫星
(C) 地球同步轨道卫星 (D) 地球运动轨道卫星

55. 属于中国第一代超声速战斗机的是________。
(A) 歼5 (B) 歼6 (C) 歼7 (D) 歼10

56. 属于中国第二代超声速战斗机的是________。
(A) 歼6 (B) 歼7 (C) 歼10 (D) 歼12

57. 中国自行研制的具有完全自主知识产权的第三代战斗机是________。
(A) 歼7 (B) 歼8 (C) 歼10 (D) 歼12

58. 歼11战斗机是中国在引进俄罗斯________战斗机基础上,自行生产的第三代重型空中优势战斗机。
(A) 苏-27 (B) 苏-30 (C) 苏-35 (D) 米格-29

59. 中国第四代隐形战斗机于________首飞成功,标志着中国军用航空已拥有第四代飞机的先进技术。
(A) 2011年1月11日 (B) 2012年1月11日
(C) 2011年10月1日 (D) 2012年10月1日

60. 高超声速飞行是指飞行器最大平飞马赫数大于等于________的飞行。
(A) 3 (B) 5 (C) 10 (D) 20

61. 由北京航空航天大学的前身北京航空学院的师生设计、生产的新中国第一架轻型旅客机是________。
(A) "翔凤" (B) 运5
(C) "北京"1号 (D) 运10

62. 2008年11月28日,中国首架自主知识产权的涡扇支线客机________在上海成功首飞。

(A) 运10　(B) 小鹰500　(C) ARJ21-700　(D) K-8

63. 首次成功飞越世界屋脊的中国自行研制的飞机是________。

(A) "翔凤"　(B) 运5　(C) "北京"1号　(D) 运10

64. 国产大型客机C919于________成功首飞。

(A) 2014年5月5日　(B) 2015年5月5日
(C) 2016年5月5日　(D) 2017年5月5日

65. 运20飞机的最大起飞重量是________。

(A) 66吨　(B) 110吨　(C) 220吨　(D) 260吨

66. AC313是中国第一个完全按照适航条例规定和程序自行研制的________运输直升机。

(A) 轻型　(B) 小型　(C) 中型　(D) 大型

67. 中国载人飞船的发射场为________。

(A) 西昌卫星发射中心　(B) 酒泉卫星发射中心
(C) 太原卫星发射中心　(D) 海南文昌航天发射场

68. 中国载人飞船的主着陆场在________。

(A) 甘肃　(B) 内蒙古　(C) 四川　(D) 海南

69. 中国第一枚探空火箭是由北京航空学院师生研制的________。

(A) "北京"1号　(B) "北京"2号
(C) T-7M　(D) 仿制的P-2

70. 中国的运载火箭命名为"________"系列。

(A) 东方红　(B) 风云　(C) 长征　(D) 神舟

71. 中国的通信卫星命名为"________"系列。

(A) 东方红　(B) 风云　(C) 长征　(D) 神舟

72. 中国的气象卫星命名为"________"系列。

(A) 东方红　(B) 风云　(C) 长征　(D) 神舟

73. ________年4月24日中国发射了第一颗人造地球卫星。

(A) 1968　(B) 1970　(C) 1972　(D) 1974

74. ________是"长征"2号家族中的改进型号,主要用于发射中国的"神舟"系列飞船。

(A) "长征"2号丁　(B) "长征"2号丙
(C) "长征"2号E　(D) "长征"2号F

75. 中国"长征"系列运载火箭中用于发射太阳同步轨道卫星的是________系列。

(A) "长征"1号　(B) "长征"2号
(C) "长征"3号　(D) "长征"4号

76. ________是中国研制中的新一代重型运载火箭,可将25吨的有效载荷送入地球近地轨道或将14吨的有效载荷送入地球同步转移轨道。

(A) "长征"2号　(B) "长征"3号
(C) "长征"4号　(D) "长征"5号

77. 载人航天工程中发射"天舟"号货运飞船的运载火箭是________。

(A) "长征"4号　(B) "长征"5号
(C) "长征"6号　(D) "长征"7号

78. 中国成功研制和发射的导航定位卫星命名为“________”导航定位卫星。
(A) 东方红 (B) 风云 (C) 长征 (D) 北斗
79. 中国于________成功发射了第一艘载人飞船——“神舟”5号。
(A) 2002年10月15日 (B) 2003年10月15日
(C) 2004年10月15日 (D) 2005年10月15日
80. 中国发射的第一艘载人飞船“神舟”5号，其航天员________成为第一名飞入太空的中国人。
(A) 聂海胜 (B) 费俊龙 (C) 杨利伟 (D) 翟志刚
81. 把中国载人飞船“神舟”5号成功地送上太空的火箭是________。
(A) “长征”1号 (B) “长征”2号E
(C) “长征”2号F (D) “长征”3号乙
82. 2011年11月“天宫”1号目标飞行器和________飞船进行了首次空间无人交会对接，标志着中国突破了空间交会对接及组合体运行等一系列关键技术。
(A) “神舟”7号 (B) “神舟”8号
(C) “神舟”9号 (D) “神舟”10号
83. 2013年6月，“神舟”10号飞船发射成功，航天员王亚平在太空进行了中国首次________。
(A) 太空行走 (B) 太空对接 (C) 太空授课 (D) 太空实验
84. 中国自主研发的第一个真正意义的太空实验室是________。
(A) “嫦娥”1号 (B) “嫦娥”2号
(C) “天宫”1号” (D) “天宫”2号
85. 2017年4月20日发射的________飞船，首次完成了太空实验室的推进剂在轨补加试验，使中国成为了全球第三个独立掌握“太空加油”核心技术的国家。
(A) “神舟”11号 (B) “神舟”12号
(C) “天宫”1号 (D) “天舟”1号
86. 中国“北斗”3号全球卫星导航系统于________年正式开通运营。
(A) 2019 (B) 2020 (C) 2021 (D) 2022
87. “嫦娥”2号目前的状态是________。
(A) 绕月飞行 (B) 落到月球
(C) 飞抵第二拉格朗日点 (D) 飞往深空探测
88. “嫦娥”3号的巡视器是________月球车。
(A) “月兔”号 (B) “玉兔”号
(C) “月亮”1号 (D) “月亮”3号
89. 临近空间的区域一般定义为距离地面________的飞行空间。
(A) 20～50 km (B) 20～100 km
(C) 50～100 km (D) 100～180 km
90. 低动态临近空间飞行器的飞行速度为________。
(A) 马赫数小于0.4 (B) 马赫数小于0.6
(C) 马赫数小于0.8 (D) 马赫数小于1
91. 高动态临近空间飞行器的飞行速度为________。

(A) 马赫数大于0.8　　(B) 马赫数大于1
(C) 马赫数大于3　　(D) 马赫数大于5

92. 低动态临近空间飞行器不包括以下________飞行器。
(A) 平流层飞艇　　(B) 亚轨道飞行器
(C) 太阳能无人机　　(D) 高空气球

93. 大气层由低向高排列的顺序为________。
(A) 平流层、对流层、热层、中间层　　(B) 对流层、平流层、热层、中间层
(C) 平流层、对流层、中间层、热层　　(D) 对流层、平流层、中间层、热层

94. 对流层气温随高度增加而________。
(A) 无明显变化　　(B) 降低
(C) 先基本不变再升高　　(D) 升高

95. 平流层气温随高度增加而________。
(A) 无明显变化　　(B) 降低
(C) 先基本不变再升高　　(D) 升高

96. 平流层大气主要是________的流动。
(A) 铅垂方向和水平方向　　(B) 铅垂方向
(C) 无明显方向　　(D) 水平方向

97. 航空器的飞行环境是________。
(A) 整个宇宙　　(B) 大气飞行环境
(C) 空间飞行环境　　(D) 真空飞行环境

98. 在标准大气状态下,声音在大气中传播的速度为________ m/s。
(A) 296　　(B) 340　　(C) 343　　(D) 345

99. 大气的绝对温度和摄氏温度的差值为________。
(A) 256　　(B) 264　　(C) 273　　(D) 293

110. 流体的可压缩性越大,声速________。
(A) 不变　　(B) 越大　　(C) 越小　　(D) 不确定

101. 对于气体来说,随着温度的升高,黏性将________。
(A) 增大　　(B) 减小　　(C) 不变　　(D) 不确定

102. 忽略黏性的流体是________。
(A) 理想流体　　(B) 可压缩流体
(C) 不可压缩流体　　(D) 定常流体

103. 密度不变的流体是________。
(A) 理想流体　　(B) 定常流体
(C) 不可压缩流体　　(D) 非定常流体

104. 流动马赫数越大,空气受到由飞行引起的压缩的程度________。
(A) 越小　　(B) 不变　　(C) 不确定　　(D) 越大

105. 当飞机作水平等速直线飞行时,升力的大小等于________。
(A) 发动机的推力　　(B) 作用在飞机上的阻力
(C) 重力　　(D) 向上的爬升力

106. 流体的连续方程遵循定律________。
(A) 能量守恒　　(B) 质量守恒
(C) 动量守恒　　(D) 动量矩守恒

107. 气流在收缩管道中连续流动时,其质量流量将随面积的减小而________。
(A) 增大　　(B) 减小
(C) 随流动速度减小而减小　　(D) 不变

108. 根据不可压缩流体的连续方程,流管横截面变大,平均流速必然________。
(A) 变大　　(B) 不变　　(C) 变小　　(D) 不一定

109. 伯努利定理是在流体流动中________的应用。
(A) 质量守恒定律　　(B) 相对运动原理
(C) 能量守恒定律　　(D) 流体连续性定理

110. 如图 4 所示的三根一样粗细上端开口的玻璃管 1,2,3,当管道中的流体没有流动时,三根玻璃管中的液面高度情况为________。
(A) 玻璃管 1 液面最高
(B) 玻璃管 2 液面最高
(C) 玻璃管 3 液面最高
(D) 三根玻璃管中的液面高度同容器中的液面高度一样

111. 图 4 所示的三根一样粗细上端开口的玻璃管 1,2,3,当管道中的流体稳定地流动时,保持容器中的流体液面高度不变,则三根玻璃管中的液面高度情况为________。
(A) 三根玻璃管中的液面高度同容器中的液面高度一样
(B) 玻璃管 1 中的液面最高
(C) 玻璃管 3 中的液面最高
(D) 三根玻璃管中的液面高度比液体无流动时都有不同程度的升高

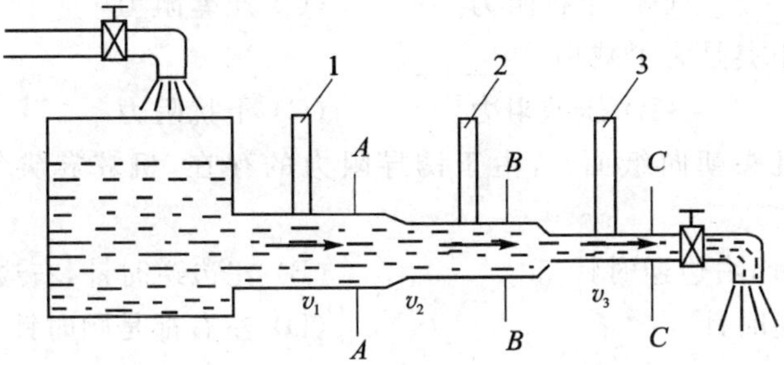

图 4

112. 低速气流在变截面管道中流动时,________。
(A) 由伯努利方程可知,当管道收缩时,气流的流速将增加
(B) 由连续性方程可知,当管道收缩时,气流的静压将减小
(C) 当管道扩张时,气流的流速将减小
(D) 当管道扩张时,气流的总压将增加

113. 超声速气流在变截面管道中流动时,________。
(A) 横截面积的变化引起的速度变化占了主导地位

(B) 横截面积的变化引起的密度变化占了主导地位
(C) 超声速气流的密度是常数
(D) 超声速气流在变截面管道中的流动情况与低速时基本相同

114. 关于升力的说法错误的是________。
(A) 与翼型的形状有很大关系
(B) 与迎角的大小成正比
(C) 一般来讲,不对称的流线翼型在迎角为零时仍可产生升力
(D) 与机翼面积的大小成正比

115. 在飞机失速之前,迎角增大,则升力________。
(A) 减小　(B) 不变　(C) 增大　(D) 不一定

116. 采用襟翼的主要目的是________。
(A) 改变俯仰状态　(B) 减小阻力
(C) 改变偏航状态　(D) 增加升力

117. 下列哪项不属于低速飞行的阻力________。
(A) 摩擦阻力　(B) 激波阻力　(C) 压差阻力　(D) 诱导阻力

118. 以下关于附面层气流说法正确的是________。
(A) 气流流动速度为0
(B) 气流流动速度与外界气流速度大小相同
(C) 附面层气流沿附面层厚度方向流速不变
(D) 附面层气流沿附面层厚度方向流速可变

119. 减小飞机迎风面积和把飞机设计成流线型是减小________的有效措施。
(A) 摩擦阻力　(B) 压差阻力　(C) 干扰阻力　(D) 诱导阻力

120. 伴随着升力而产生的阻力是________。
(A) 摩擦阻力　(B) 干扰阻力　(C) 压差阻力　(D) 诱导阻力

121. 飞机采用翼梢小翼是为了减小________。
(A) 摩擦阻力　(B) 压差阻力　(C) 干扰阻力　(D) 诱导阻力

122. 如图5所示(机头朝向纸面),由于诱导阻力的存在,机翼翼尖气流产生的旋涡方向是________。
(A) 左边顺时针,右边逆时针　(B) 左边逆时针,右边顺时针
(C) 左右都是逆时针　(D) 左右都是顺时针

图5

123. 飞机加装整流片是为了减小________。
(A) 摩擦阻力　(B) 激波阻力　(C) 干扰阻力　(D) 诱导阻力

124. “声障”现象产生的根本原因是飞机在飞行过程中产生的________造成的。

(A) 振动 (B) 动力不够

(C) 激波阻力 (D) 俯冲速度太快

125. 与低亚声速飞机相比,超声速飞机机翼的展弦比________。

(A) 较大 (B) 较小 (C) 相等 (D) 无可比性

126. 与低亚声速飞机相比,超声速飞机机翼的梢根比________。

(A) 较大 (B) 较小 (C) 相等 (D) 无可比性

127. 与低亚声速飞机相比,超声速飞机机身的长细比________。

(A) 较大 (B) 较小 (C) 相等 (D) 无可比性

128. 与低亚声速飞机相比,超声速飞机机翼的后掠角________。

(A) 较大 (B) 较小 (C) 相等 (D) 无可比性

129. 与低亚声速飞机相比,超声速飞机机翼的相对厚度________。

(A) 较大 (B) 较小 (C) 相等 (D) 无可比性

130. 当机翼表面上最大速度点的马赫数等于1时,对应来流的马赫数________。

(A) 大于1 (B) 大于等于1

(C) 等于1 (D) 小于1

131. 超声速气流流过激波面时,气流的________将减小。

(A) 密度 (B) 速度 (C) 温度 (D) 压强

132. 下列关于激波的说法正确的是________。

(A) 波面之后空气的压强突然减小 (B) 波面之后温度降低

(C) 波面之后气流速度会大大提高 (D) 波面之后气流密度增大

133. 超声速飞机的机翼前缘设计成尖锐的形状,是为了减小________。

(A) 压差阻力 (B) 激波阻力 (C) 诱导阻力 (D) 摩擦阻力

134. 在低速飞行情况下,通常选用________机翼。

(A) 后掠 (B) 大展弦比平直

(C) 三角机翼 (D) 边条机翼

135. 在高亚声速飞行的民用飞机,通常选用________机翼以延缓激波的产生。

(A) 大展弦比后掠 (B) 大展弦比平直

(C) 三角机翼 (D) 边条机翼

136. 在超声速飞行情况下,可选用________机翼以减小波阻。

(A) 梯形机翼 (B) 大展弦比 (C) 三角机翼 (D) 平直

137. 航程是一架飞机________的指标。

(A)"飞多远" (B)"飞多高"

(C)"飞多快" (D) 机动性

138. 对军用飞机来说,飞行速度一般指的是________。

(A) 最大飞行速度 (B) 巡航速度

(C) 最小平飞速度 (D) 最大平飞速度

139. 对民用飞机来说,飞行速度一般指的是________。

(A) 最大飞行速度 (B) 巡航速度

(C) 最小平飞速度 (D) 最大平飞速度

140. 当飞机达到理论静升限时,飞机此时________。
(A) 水平速度为零　(B) 垂直上升速度为零
(C) 会失速　(D) 垂直上升速度约为5 m/s

141. 航空母舰的舰载飞机可采用________帮助起飞。
(A) 增升装置　(B) 弹射装置　(C) 助推火箭　(D) 自身旋翼

142. 航空母舰的舰载飞机一般采用________帮助降落。
(A) 机轮刹车　(B) 减速伞
(C) 钢索拦阻装置　(D) 蒸汽减速装置

143. 当作战飞机需要迅速增大速度来提高轰炸和射击的准确度时,通常采取的措施是________。
(A) 筋斗　(B) 俯冲　(C) 跃升　(D) 战斗转弯

144. 当作战飞机需要迅速获得高度优势时,通常采取的措施是________。
(A) 筋斗　(B) 俯冲　(C) 跃升　(D) 战斗转弯

145. 当作战飞机需要同时改变飞行方向和增加飞行高度时,通常采取的措施是________。
(A) 筋斗　(B) 俯冲　(C) 跃升　(D) 战斗转弯

146. 过失速机动是指飞机在________的飞行状态下,仍然有能力对飞机的姿态做出调整,实现快速机头指向,完成可操纵的战术机动。
(A) 低于最小平飞速度　(B) 高于最大平飞速度
(C) 超过失速迎角　(D) 快速俯冲

147. 尾旋是飞机的飞行迎角超过临界迎角后发生的一种连续的自动的旋转运动,其旋转轴为________。
(A) 滚转轴　(B) 俯仰轴
(C) 偏航轴　(D) 同时绕以上三轴旋转

148. 关于飞机的纵向稳定性的叙述正确的是________。
(A) 飞机重心在焦点之前,则当飞机受到扰动而机头上仰时,产生下俯的稳定力矩
(B) 飞机重心在焦点之前,则当飞机受到扰动而机头下俯时,产生下俯的稳定力矩
(C) 飞机重心在焦点之后,则当飞机受到扰动而机头上仰时,产生下俯的稳定力矩
(D) 飞机重心在焦点之后,则当飞机受到扰动而机头下俯时,产生上仰的稳定力矩

149. 关于飞机的方向稳定性的叙述正确的是________。
(A) 飞机主要靠水平尾翼的作用来保证方向稳定性
(B) 方向稳定力矩可在侧滑之前产生
(C) 机头向左偏叫左侧滑;机头向右偏叫右侧滑
(D) 只要有侧滑,飞机就会产生方向稳定力矩

150. 采用腹鳍是为了使飞机具有足够的________。
(A) 俯仰静稳定性　(B) 方向静稳定性
(C) 横向静稳定性　(D) 方向操纵性

151. 采用机翼上反角是为了使飞机获得更好的________。
(A) 俯仰静稳定性　(B) 方向静稳定性
(C) 横向静稳定性　(D) 俯仰操纵性

152. 对于军用歼击机，应在________方面要求高一些。
(A) 机动性　(B) 稳定性　(C) 舒适性　(D) 经济性

153. 驾驶员操纵驾驶杆向左或向右摆动，飞机的________将发生偏转。
(A) 升降舵　(B) 方向舵　(C) 副翼　(D) 襟翼

154. 驾驶员向前蹬左脚蹬或右脚蹬，飞机的________将发生偏转。
(A) 升降舵　(B) 方向舵　(C) 副翼　(D) 襟翼

155. 副翼主要操纵飞机的________。
(A) 俯仰运动　(B) 滚转运动　(C) 偏航运动　(D) 旋转运动

156. 升降舵主要操纵飞机的________。
(A) 俯仰运动　(B) 滚转运动　(C) 偏航运动　(D) 旋转运动

157. 方向舵主要操纵飞机的________。
(A) 俯仰运动　(B) 滚转运动　(C) 偏航运动　(D) 旋转运动

158. 升降舵在飞机的________上。
(A) 机翼　(B) 水平尾翼　(C) 垂直尾翼　(D) 机身

159. 方向舵在飞机的________上。
(A) 机翼　(B) 水平尾翼　(C) 垂直尾翼　(D) 机身

160. 副翼在飞机机翼的________。
(A) 后缘外侧　(B) 后缘内侧　(C) 后缘中间　(D) 前缘

161. 襟翼一般在飞机机翼的________上。
(A) 后缘外侧　(B) 后缘内侧　(C) 上表面　(D) 下表面

162. 驾驶员操纵驾驶杆向前推，________发生偏转，飞机产生________运动。
(A) 升降舵；俯仰　(B) 方向舵；航向
(C) 副翼；滚转　(D) 襟翼；上升

163. 烧蚀法是消除________的重要方法。
(A) 激波阻力　(B) 声障　(C) 热障　(D) 声爆

164. 直升机拉力的改变主要靠调节________来实现。
(A) 旋翼的转速　(B) 发动机功率
(C) 桨叶桨距　(D) 主轴转速

165. 要想使直升机向前飞行，必须使旋翼的旋转锥________。
(A) 变大　(B) 变小　(C) 向前倾斜　(D) 向后倾斜

166. 直升机操纵中，使各片桨叶的安装角同时增大或减小，从而改变旋翼拉力的大小采用的是________。
(A) 总距操纵　(B) 变距操纵　(C) 脚操纵　(D) 方向操纵

167. 直升机操纵中，使桨叶升力周期改变，并使桨叶产生周期挥舞运动的是________。
(A) 总距操纵　(B) 变距操纵　(C) 脚操纵　(D) 差动操纵

168. 直升机操纵中，通过改变尾桨的推力（或拉力）大小，从而实现航向操纵采用的是________。
(A) 总距操纵　(B) 变距操纵　(C) 脚操纵　(D) 差动操纵

169. 第一宇宙速度为________。

(A) 7.9 km/s　(B) 11.2 km/s　(C) 16.6 km/s　(D) 18.8 km/s

170. 第二宇宙速度为________。

(A) 7.9 km/s　(B) 11.2 km/s　(C) 16.6 km/s　(D) 18.8 km/s

171. 第三宇宙速度为________。

(A) 7.9 km/s　(B) 11.2 km/s　(C) 16.6 km/s　(D) 18.8 km/s

172. 发射窗口是指允许运载火箭发射航天器的________。

(A) 空间区域　(B) 速度范围　(C) 时间范围　(D) 方向范围

173. 航天器回收时飞行高度下降到距离地面________时开始进入再入段。

(A) 10～50 km　(B) 40～80 km

(C) 60～80 km　(D) 80～100 km

174. 无人航天器再入大气层时的再入角一般为________。

(A) 0～1°　(B) 1°～2°　(C) 3°～8°　(D) 7°～10°

175. 外形是圆球体或钝头的轴对称旋转体的航天器的再入方式通常是________。

(A) 纯弹道式　(B) 半弹道式　(C) 跳跃式　(D) 滑翔式

176. 从地球以外空间返回的航天器通常采用________再入方式。

(A) 纯弹道式　(B) 一次性半弹道式

(C) 跳跃式　(D) 滑翔式

177. 依赖于空气中的氧气而工作的发动机有________。

(A) 冲压喷气发动机　(B) 液体火箭发动机

(C) 固体火箭发动机　(D) 太阳能发动机

178. 涡轮轴发动机较适合于________。

(A) 超声速飞机　(B) 低速飞机

(C) 直升机　(D) 大型运输机

179. 战术导弹上最常使用的发动机为________。

(A) 液体火箭发动机　(B) 固体火箭发动机

(C) 涡轮喷气发动机　(D) 脉动发动机

180. 1883年，________发动机的问世，为第一架飞机的试飞成功创造了条件。

(A) 火箭　(B) 组合　(C) 活塞式　(D) 空气喷气

181. 飞机突破声障，并使飞机的飞行速度达到几倍声速得益于________发动机。

(A) 火箭　(B) 组合　(C) 活塞式　(D) 空气喷气

182. 作为航天器发展的基础，并使人类冲出地球，飞向宇宙得益于________发动机。

(A) 火箭　(B) 组合　(C) 活塞式　(D) 空气喷气

183. 下列发动机中不能直接产生推力使飞行器前进的是________。

(A) 火箭发动机　(B) 组合发动机

(C) 活塞式发动机　(D) 空气喷气发动机

184. 属于间接反作用力发动机的是________。

(A) 活塞式发动机　(B) 火箭发动机

(C) 涡喷发动机　(D) 涡扇发动机

185. 活塞发动机目前主要用于________。

(A) 超声速飞机　(B) 小型低速飞机
(C) 直升机　(D) 大型运输机

186. 活塞发动机用的燃料为________。
(A) 航空煤油　(B) 航空汽油
(C) 航空柴油　(D) 航空煤油和空气的混合气体

187. 在活塞式发动机的工作过程中,内能转化为机械能发生在________。
(A) 进气行程　(B) 排气行程　(C) 压缩行程　(D) 膨胀行程

188. 关于活塞式发动机以下说法错误的是________。
(A) 耗油率高　(B) 燃烧较完全
(C) 功率小　(D) 效率高

189. 目前应用最广泛的航空发动机是________。
(A) 涡轮冲压发动机　(B) 燃气涡轮发动机
(C) 冲压喷气发动机　(D) 活塞式发动机

190. 涡轮喷气发动机的单位推力是指每________的空气进入发动机所产生的推力。
(A) 单位体积　(B) 单位流量　(C) 单位面积　(D) 单位时间

191. 涡轮喷气发动机的推重比是指________。
(A) 地面最大工作状态下发动机推力与其结构重量之比
(B) 地面最大工作状态下发动机推力与飞机重量之比
(C) 飞行状态下发动机最大推力与其结构重量之比
(D) 飞行状态下发动机最大推力与飞机重量之比

192. 涡轮喷气发动机的单位耗油率是指产生________每小时所消耗的燃油量。
(A) 单位功率　(B) 单位推力　(C) 单位里程　(D) 百公里里程

193. 亚声速进气道形状一般为________。
(A) 扩散形　(B) 收缩形
(C) 先扩散后收缩　(D) 先收缩后扩散

194. 超声速进气道中调节锥的作用是________。
(A) 改变气流方向　(B) 增加气流速度
(C) 产生斜激波,降低气流速度　(D) 产生正激波,降低气流速度

195. 适合于亚声速飞行的尾喷管形状为________。
(A) 扩散形　(B) 收缩形
(C) 先扩散后收缩　(D) 先收缩后扩散

196. 离心式压气机与轴流式压气机相比其增压比________。
(A) 较大　(B) 较小　(C) 相等　(D) 不确定

197. 轴流式压气机工作过程中,静子叶片的作用是________。
(A) 对气流起增速作用　(B) 减小气流温度
(C) 对气流起减压作用　(D) 改变气流的方向

198. 轴流式压气机转子叶片的相邻叶片构成的通道是________。
(A) 扩散形　(B) 收缩形
(C) 先扩散后收缩　(D) 先收缩后扩散

199. 涡轮喷气发动机的燃料是________。
(A) 航空煤油 (B) 航空汽油 (C) 航空柴油 (D) 其他燃料

200. 涡轮喷气发动机能够产生机械能的部件是________。
(A) 进气道 (B) 压气机 (C) 涡轮 (D) 燃烧室

201. 涡轮喷气发动机涡轮导向器叶片的通道是________。
(A) 扩散形 (B) 收缩形
(C) 先扩散后收缩 (D) 先收缩后扩散

202. 加力燃烧室位于________。
(A) 涡轮的前面 (B) 涡轮的后面
(C) 主燃烧室的前面 (D) 主燃烧室的后面

203. 关于加力燃烧室的描述正确的是________。
(A) 存在转动部件 (B) 可降低燃油消耗率
(C) 可降低燃气温度 (D) 增加气流速度,产生更大推力

204. 超声速飞行的飞机发动机宜采用________尾喷管。
(A) 扩散型 (B) 收缩型
(C) 拉瓦尔喷管 (D) 锥形

205. 关于涡轮喷气发动机以下说法错误的是________。
(A) 耗油率高 (B) 噪声大
(C) 推力大 (D) 适合于低速飞行

206. 涡轮螺桨发动机比较适宜的飞行速度范围为________ km/h。
(A) 400~500 (B) 500~700 (C) 600~850 (D) 850~950

207. 下列关于涡轮螺桨发动机的说法正确的是________。
(A) 涡轮只带动螺旋桨转动
(B) 涡轮带动螺旋桨转动,产生拉力
(C) 螺旋桨的转速比涡轮高得多
(D) 螺旋桨产生的拉力占飞机总推力的一小部分

208. 螺桨式飞机不适合于高速飞行的主要原因是________。
(A) 螺桨刚度不够 (B) 螺桨强度不够
(C) 螺桨推力不够 (D) 桨尖产生局部激波

209. 从广义来看,涡轮风扇发动机的涵道比减小到零时即成为________。
(A) 涡轮螺桨发动机 (B) 涡轮桨扇发动机
(C) 涡轮喷气发动机 (D) 涡轮轴发动机

210. 从广义来看,涡轮风扇发动机的涵道比增大到一定程度(一般大于25)时即成为________。
(A) 涡轮螺桨发动机和涡轮喷气发动机 (B) 涡轮喷气发动机和涡轮轴发动机
(C) 涡轮螺桨发动机和桨扇发动机 (D) 桨扇发动机和涡轮轴发动机

211. 涡轮风扇发动机的风扇是由________带动的。
(A) 高压涡轮 (B) 低压涡轮 (C) 电动机 (D) 气流吹动

212. 用在歼击机上的涡轮风扇发动机的涵道比与民用飞机上的相比一般________。

(A) 要大　　(B) 要小
(C) 相同　　(D) 要看飞机的大小决定

213. 战斗机选用的加力式涡轮风扇发动机的涵道比一般为________。
(A) 小于 1　　(B) 1～2　　(C) 4～10　　(D) 大于 10

214. 英国的“鹞”式强击机装备的发动机属于________发动机。
(A) 涡轮桨扇　　(B) 垂直起落　　(C) 涡轮轴　　(D) 涡轮螺桨

215. 第四代飞机所采用的发动机的推重比在________左右。
(A) 8　　(B) 9　　(C) 10　　(D) 12

216. 冲压发动机与燃气涡轮发动机的不同之处在于它们没有专门的________。
(A) 压气机　　(B) 进气道　　(C) 燃烧室　　(D) 尾喷管

217. 下列各项不属于冲压喷气发动机部件的是________。
(A) 进气道　　(B) 燃烧室　　(C) 尾喷管　　(D) 涡轮

218. 下列关于冲压发动机的说法正确的是________。
(A) 较适合于低速飞行
(B) 构造复杂,质量重,推重比较小
(C) 不能自行起飞,必须要有助推器助飞
(D) 工作范围较宽

219. 涡轮喷气发动机处于________时,发动机的推力最大。
(A) 起飞状态　　(B) 最大状态　　(C) 慢车状态　　(D) 额定状态

220. 发动机巡航状态的推力约为起飞推力的________。
(A) 85%～90%　　(B) 65%～75%
(C) 55%～65%　　(D) 50%以下

221. 发动机最省油的工作状态为________。
(A) 起飞状态　　(B) 最大状态　　(C) 巡航状态　　(D) 慢车状态

222. 用于飞机长时间爬升和高速平飞的发动机工作状态为________。
(A) 起飞状态　　(B) 最大状态　　(C) 额定状态　　(D) 巡航状态

223. 发动机慢车状态的推力约为起飞推力的________左右。
(A) 2%　　(B) 4%　　(C) 10%　　(D) 15%

224. 目前液体火箭发动机中应用最广的是________推进系统。
(A) 单组元　　(B) 双组元　　(C) 三组元　　(D) 多组元

225. 固体火箭发动机与液体火箭发动机相比,其特点是________。
(A) 结构比较复杂　　(B) 固体推进剂性能稳定
(C) 比冲较大　　(D) 推力易调节

226. 火箭发动机的喷管都是________形,以保证气流流动损失最小。
(A) 收缩—扩散　　(B) 扩散—收缩
(C) 收缩　　(D) 扩散

227. 液氧作为推进剂一般应用于________。
(A) 弹道导弹武器上　　(B) 航天飞行器的运载火箭上
(C) 小型火箭发动机　　(D) 小推力姿态控制系统的发动机

228. 固体火箭发动机与液体火箭发动机相比不需要________。
(A) 燃烧室　(B) 推力室
(C) 尾喷管　(D) 推进剂输送系统

229. 固体火箭燃烧室的温度与液体火箭燃烧室的温度相比________。
(A) 一般较高　(B) 一般较低
(C) 几乎相等　(D) 不是一个数量级

230. 图6中________种药柱形状产生的推力最大。
(A) (a)　(B) (b)　(C) (c)　(D) (d)

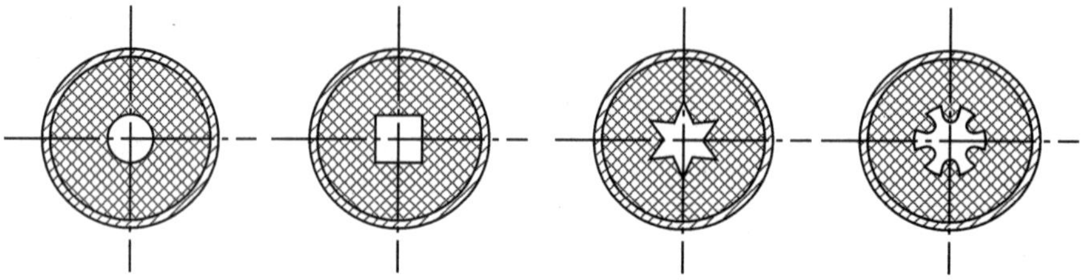

图 6

231. 固体火箭发动机的比冲一般要比液体火箭发动机的比冲________。
(A) 高　(B) 低
(C) 相等　(D) 差多个数量级

232. 火箭飞行时的俯仰和偏航运动可以靠________进行控制。
(A) 喷管摆动　(B) 侧喷管喷气
(C) 推力终止装置　(D) 壳体上的径向孔

233. 火箭飞行时的滚转运动可以靠________进行控制。
(A) 喷管摆动　(B) 侧喷管喷气
(C) 推力终止装置　(D) 二次喷射技术

234. 若发动机推进剂的质量给定,则________。
(A) 比冲越高,射程越近　(B) 比冲越高,推力越大
(C) 比冲越高,其有效载荷越小　(D) 比冲越高,发动机总冲就越大

235. 目前常规的化学火箭发动机的比冲最大约为________。
(A) 2 000 m/s　(B) 3 000 m/s　(C) 5 000 m/s　(D) 8 000 m/s

236. 非化学能火箭发动机与化学能火箭发动机相比的最大优势在于________。
(A) 技术成熟　(B) 比冲高　(C) 成本低　(D) 应用广泛

237. 生命保障系统需要测量________参数。
(A) 座舱温度　(B) 飞行器飞行速度
(C) 飞行高度　(D) 飞行器飞行姿态

238. 温度测量一般采用________的方法,即通过某些物体与温度有关的一些性能或状态参数来测量。
(A) 间接测量　(B) 直接测量　(C) 自动测量　(D) 参数计算

239. 电阻式温度传感器利用________来测量温度。

(A) 电阻值与温度之间确定的函数关系式
(B) 电阻值与温度之间的反比例关系
(C) 温度与电阻值之间的正比例关系
(D) 温度与电阻值之间不确定性的函数关系

240. 飞行器采用变形测量方法测量压力时,采用________作为敏感元件。
(A) 弹性元件 (B) 单晶硅膜片
(C) 振动膜片 (D) 振动筒

241. 迎角传感器是测量________的夹角的传感器。
(A) 机翼弦线相对于水平面 (B) 机翼弦线相对于气流
(C) 飞机轴线相对于水平面 (D) 飞机轴线相对于气流

242. 飞机头部空速管上的水平叶片是用来测量________的传感器。
(A) 侧滑角度 (B) 俯仰角度 (C) 滚转角度 (D) 偏航角度

243. 气压式高度表是利用________来测量飞行高度的。
(A) 标准大气压力与速度的函数关系 (B) 标准大气压力与温度的函数关系
(C) 标准大气压力与湿度的函数关系 (D) 标准大气压力与高度的函数关系

244. 下列仪表或系统中可以测量飞行高度的是________。
(A) 大气数据系统 (B) 陀螺地平仪
(C) 全向信标系统 (D) 全姿态指示器

245. 下列飞行速度的测量方法中最为简单的方法是________。
(A) 压力测量法 (B) 加速度积分测量法
(C) 红外测量法 (D) 雷达测量法

246. 位于飞机机头部位最前端向前伸出的细杆是________。
(A) 飞机天线 (B) 空速管
(C) 温度传感器 (D) 探测器

247. 下列飞行速度的测量方法中相对测量精度较高的方法是________。
(A) 压力测量法 (B) 加速度积分测量法
(C) 红外测量法 (D) 雷达测量法

248. 升降速度表测量的是________。
(A) 飞行速度 (B) 升降速度变化率
(C) 高度变化率 (D) 以上都不是

249. 由________提供的原始数据,加上一些修正用的传感器信息,经计算机运算而得到大气数据信息的系统叫做大气数据系统。
(A) 静压、动压和总压传感器 (B) 静压、动压和侧滑角传感器
(C) 静压、动压和迎角传感器 (D) 静压、动压和总温传感器

250. 陀螺仪的两个重要特性是________。
(A) 定轴性和前进性 (B) 定轴性和进动性
(C) 动轴性和前进性 (D) 动轴性和进动性

251. 陀螺仪的________是指高速旋转的转子具有维持其转轴在惯性空间内方向不变的特性。
(A) 方向性 (B) 定轴性 (C) 进动性 (D) 静动性

252. 陀螺仪的漂移性是由________引起的。
(A) 转子转速不稳　　(B) 外干扰力矩
(C) 基座的摆动　　(D) 以上都不对
253. 陀螺转子轴的进动方向取决于________。
(A) 动量矩方向　　(B) 外力方向
(C) 动量矩方向和外力方向　　(D) 动量矩方向和外力矩方向
254. 与传统的机械陀螺仪相比,激光陀螺的主要优势是________。
(A) 旋转部件精度高　　(B) 机械摩擦阻力小
(C) 无旋转部件和摩擦部件　　(D) 动态变化范围小
255. 陀螺地平仪是利用陀螺仪特性测量飞行器________的飞行仪表。
(A) 平飞和倾侧姿态角　　(B) 偏航和倾侧姿态角
(C) 俯仰和倾侧姿态角　　(D) 滚转和倾侧姿态角
256. 陀螺地平仪建立的测量基准是________。
(A) 北向子午线　　(B) 地球轴线
(C) 地垂线　　(D) 飞机轴线
257. 飞机和航天飞机的________为航向角,或叫真航向角,真航向角是磁航向角和磁偏角的代数和。
(A) 横轴与地球南极之间的夹角　　(B) 横轴与地球北极之间的夹角
(C) 纵轴与地球南极之间的夹角　　(D) 纵轴与地球北极之间的夹角
258. 磁罗盘用地磁场作为测量依据,所测得的航向角称为________。
(A) 真航向角　　(B) 磁偏角
(C) 磁航向角　　(D) 地磁偏移角
259. 飞行器座舱显示器有________两种类型。
(A) 指针式和刻度盘式　　(B) 机械式和电子式
(C) 机械式和指针式　　(D) 数字式和电子式
260. 20世纪________年代后期,飞行器座舱中出现了电子式显示器。
(A) 60　　(B) 70　　(C) 80　　(D) 90
261. 电子显示器把________以显示所需的信息内容。
(A) 电信号转换成机械指示　　(B) 机械信号转变成电信号
(C) 机械信号转变成光信号　　(D) 电信号转变成光电信号
262. 雷达测量距离是通过________来确定的。
(A) 测量天线至目标间无线电波往返的时间
(B) 接收两个导航台的无线电信号,比较它们的时间差
(C) 接收两个导航台的无线电信号,比较它们的相位差
(D) 测定天线与两个导航台的距离差
263. 相控阵雷达的天线可以在空间形成________,同时搜索和跟踪________。
(A) 单个波束;单个目标　　(B) 多个波束;单个目标
(C) 多个波束;多个目标　　(D) 单个波束;多个目标
264. 仅有一个中央发射机和一个接收机的相控阵雷达属于________。

(A) 无源相控阵雷达 (B) 有源相控阵雷达
(C) 无源(主动)相控阵雷达 (D) 有源(被动)相控阵雷达

265. 每个辐射器都装有一个发射/接收组件的相控阵雷达属于________。
(A) 无源相控阵雷达 (B) 有源相控阵雷达
(C) 无源(主动)相控阵雷达 (D) 有源(被动)相控阵雷达

266. 在轨道飞行阶段出现故障或危险情况时常用的航天救生方式是________。
(A) 弹射救生 (B) 中断飞行计划,提前返回地面
(C) 航天器的冗余设计 (D) 逃逸塔

267. 战斗机在进行大机动飞行时产生的正过载(惯性力方向从头到脚) 可达________。
(A) 4～5 (B) 6～7 (C) 8～9 (D) 10 以上

268. 飞行时产生大的正过载时,以下说法错误的是________。
(A) 人体的血液向脚部流动 (B) 人体的血液向头部流动
(C) 会引发失明和意识丧失 (D) 会出现黑视

269. 飞机飞行中出现紧急情况时用来保证飞行员快速离机和安全降落的设备为________。
(A) 弹射救生系统 (B) 航空坐椅
(C) 稳定伞和降落伞 (D) 逃逸设备

270. 国际统一规定,空中和海上遇难时的求援频率为________。
(A) 25.55 kHz (B) 121.500 MHz
(C) 135.975 MHz (D) 225 MHz

271. 把飞机、导弹、宇宙飞行器、舰船等运动体从一个地方(如出发点) 引导到其目的地的过程叫做________。
(A) 归航 (B) 出航 (C) 导航 (D) 领航

272. 自动测向器属于________系统。
(A) 测向无线电导航 (B) 测距无线电导航
(C) 测距差无线电导航 (D) 雷达导航

273. 全向信标系统属于________系统。
(A) 测距差无线电导航 (B) 测距无线电导航
(C) 测向无线电导航 (D) 测速无线电导航

274. 全向信标系统是通过测量________来定向的。
(A) 电波幅值
(B) 基准相位信号与可变相位信号之间的相位差
(C) 基准相位信号的相位
(D) 可变相位信号的相位变化

275. 无线电高度表(或雷达高度表) 是通过测量________来确定飞行器飞行高度的。
(A) 电波往返于飞行器与导航台之间所需的时间
(B) 往返于飞行器与地面之间脉冲信号的宽度
(C) 电波往返于飞行器与地面之间所需的时间
(D) 往返于飞行器与导航台之间脉冲信号的宽度

276. 属于远程无线电导航系统的是________。

(A) 测向无线电导航　　(B) 测距无线电导航
(C) 测距差无线电导航　　(D) 雷达导航

277. 惯性导航是通过测量飞行器的________经运算处理以获得飞行器当时的________的飞行器定位的综合性技术。
(A) 加速度;速度和位置　　(B) 方位角;速度和位置
(C) 加速度;高度和方位　　(D) 方位角;高度

278. 惯性导航须测量飞行器的加速度,所以它的力学基础是________。
(A) 牛顿第一定律　　(B) 牛顿第二定律
(C) 牛顿第三定律　　(D) 万有引力定律

279. 平台式惯性导航系统采用的平台是________。
(A) 虚拟平台　　(B) 机电陀螺平台
(C) 数字平台　　(D) 机械平台

280. 捷联式惯性导航系统采用的平台是________。
(A) 不存在平台　　(B) 机电陀螺平台
(C) 数字平台　　(D) 机械平台

281. 以下关于惯性导航的描述不正确的是________。
(A) 属于完全自主性导航　　(B) 有积累误差
(C) 不依赖于外界信息而工作　　(D) 通常单独使用

282. 目前的卫星导航系统中,性能最好、功能最完备的是________。
(A) 美国的卫星全球定位系统
(B) 俄罗斯的格罗纳斯卫星导航系统
(C) 欧洲空间局研制的伽利略导航卫星系统
(D) 中国的“北斗”导航定位卫星系统

283. 美国的 GPS 系统从 20 世纪 70 年代开始研制,于________全部建设完成。
(A) 1983 年　　(B) 1989 年　　(C) 1994 年　　(D) 1998 年

284. 美国的 GPS 系统共有________颗导航卫星。
(A) 3　　(B) 12　　(C) 21　　(D) 24

285. 美国的 GPS 系统的卫星分布在与地球赤道成 55°夹角的________个轨道平面上。
(A) 4　　(B) 6　　(C) 8　　(D) 10

286. 美国的 GPS 系统每颗卫星的运行周期约________ h。
(A) 6　　(B) 12　　(C) 18　　(D) 24

287. 美国的 GPS 系统中卫星的轨道高度约为________。
(A) 200 km　　(B) 640 km　　(C) 10 000 km　　(D) 20 000 km

288. 美国的 GPS 导航系统至少需要________颗卫星才能对飞行器进行定位。
(A) 24　　(B) 6　　(C) 4　　(D) 8

289. 在卫星导航系统中,卫星所发射的信号大约是以________的速度传播的。
(A) 340 m/s　　(B) 3×10^{8} m/s
(C) 3×10^{8} km/s　　(D) 340 km/s

290. GPS 系统中,监测卫星及气象等数据,并进行初步处理的部分是________。

(A) 导航卫星　　(B) 上行注入站

(C) 监控站　　(D) 主控站

291. GPS 系统中,汇集所有数据后进行运算处理的部分是________。

(A) 上行注入站　　(B) 监控站

(C) 主控站　　(D) 用户设备

292. GPS 系统定位过程中,以下________参数为已知参数。

(A) 飞行器与卫星的距离　　(B) 卫星信号到达飞行器的时间

(C) 用户时钟与原子钟的时钟差　　(D) 卫星位置

293. 俄罗斯的 GLONASS 系统的导航卫星分布在________个轨道平面上。

(A) 3　　(B) 4　　(C) 5　　(D) 6

294. 中国的北斗卫星导航系统从“北斗”1 号试验阶段到“北斗”3 号全面完成全球星座部署一共发射了________颗卫星。

(A) 24　　(B) 30　　(C) 35　　(D) 59

295. 与世界其他导航系统相比,北斗卫星导航系统具有________特殊功能。

(A) 定位　　(B) 测速

(C) 授时　　(D) 短报文通信

296. 北斗卫星导航的发射场是________。

(A) 西昌卫星发射中心　　(B) 文昌卫星发射中心

(C) 酒泉卫星发射中心　　(D) 太原卫星发射中心

297. 图像匹配导航分为________两种导航类型。

(A) 原图匹配和实时图匹配　　(B) 原图匹配和地形匹配

(C) 景象匹配和实时图匹配　　(D) 地形匹配和景象匹配

298. 利用地表特征信息进行的导航方式称为________。

(A) 无线电导航　　(B) 图像匹配导航

(C) 惯性导航　　(D) 卫星导航

299. 地形匹配导航是以________作为匹配特征的。

(A) 地形面积轮廓　　(B) 地形高度轮廓

(C) 地表特征　　(D) 地貌特征

300. 地形匹配导航适合于________地区的导航。

(A) 丘陵　　(B) 平原　　(C) 高原　　(D) 海上

301. 景象匹配导航是以________作为匹配特征的。

(A) 地形面积轮廓　　(B) 地形高度轮廓

(C) 一定区域的地表特征　　(D) 目标位置

302. 导弹末制导中常用的导航方式是________,以修正飞行轨迹偏差。

(A) 无线电导航　　(B) 惯性导航

(C) 天文制导　　(D) 图像匹配导航

303. 下列属于完全自主导航技术的是________。

(A) 惯性导航　　(B) 无线电导航

(C) 图像匹配导航　　(D) GPS 导航

304. 组合导航由两种以上的导航技术组合而成,下列描述中关于组合导航不准确的是________。
(A) 充分发挥各分系统的优点
(B) 相互取长补短
(C) 提高导航精度
(D) 由于采用了两种以上的导航技术,降低了系统的可靠性

305. 导弹飞行过程中用机载雷达持续跟踪并照射目标,导弹根据目标反射的雷达波引导导弹飞向目标,这种制导方式属于________。
(A) 非瞄准线指令制导　(B) 被动寻的制导
(C) 半主动寻的制导　(D) 主动寻的制导

306. 卫星测控系统的测控作用距离一般为________。
(A) 36 000 km　(B) 100 000 km 以下
(C) 100 000~200 000 km　(D) 高度不限

307. 目前中国的“远望”号海上测量船已经有________艘。
(A) 5　(B) 6　(C) 7　(D) 8

308. 中国的天基数据中继卫星“天链”1号系列卫星由________卫星组成。
(A) 1颗　(B) 2颗　(C) 3颗　(D) 4颗

309. “天链”1号中继卫星的运行轨道高度大约为________。
(A) 20 000 km　(B) 30 000 km
(C) 36 000 km　(D) 50 000 km

310. 地基系统地面站对中低轨道航天器的轨道覆盖率大约为________。
(A) 2%~3%　(B) 5%~8%
(C) 15%~30%　(D) 40%~50%

311. 中继卫星对中低轨道航天器的轨道覆盖率大约为________。
(A) 2%~3%　(B) 5%~8%
(C) 15%~30%　(D) 40%~50%

312. 飞机的自动控制是指通过飞机自动控制系统自动操纵________来控制飞机的飞行过程。
(A) 脚蹬和油门杆　(B) 气动舵面和驾驶杆
(C) 脚蹬和驾驶杆　(D) 气动舵面和油门杆

313. 目前先进飞机采用的飞行器操纵系统是________。
(A) 机械操纵系统　(B) 助力操纵系统
(C) 增稳控制操纵系统　(D) 电传操纵系统

314. 电传操纵是驾驶员操纵微型驾驶杆发出电指令信号,通过________到信号处理器后再控制舵机推动________的偏转来驾驶飞机。
(A) 光缆传输;气动舵面　(B) 机械传输;气动舵面
(C) 电缆传输;发动机喷管　(D) 电缆传输;气动舵面

315. 电传操纵系统是驾驶员通过操纵________来实现对舵面的控制的。
(A) 驾驶杆　(B) 运动传动机构
(C) 电缆　(D) 微型操纵杆

316. 有人驾驶和无人驾驶飞行器在机载设备上的主要区别在于________。
(A) 测量传感器不同
(B) 有人驾驶的飞行器需要仪表显示系统,而无人驾驶飞行器则不需要
(C) 有人驾驶的飞行器需要导航系统,而无人驾驶飞行器则不需要
(D) 无人驾驶飞行器需要自动控制系统,而有人驾驶的飞行器则不需要
317. 在自动驾驶仪系统中,相当于飞行员眼睛的部分为________。
(A) 舵面 (B) 敏感元件
(C) 执行装置 (D) 综合放大装置
318. 在自动驾驶仪系统中,相当于飞行员大脑的部分为________。
(A) 舵面 (B) 敏感元件
(C) 执行装置 (D) 综合放大装置
319. 在自动驾驶仪系统中,相当于飞行员双手的部分为________。
(A) 舵面 (B) 敏感元件
(C) 执行装置 (D) 综合放大装置
320. 轨迹控制是要求飞行器________以足够的准确度________给定的飞行轨迹。
(A) 重心;保持或跟踪 (B) 机头;保持或跟踪
(C) 重心;控制 (D) 中心线;跟随
321. 目前民航机场主要使用的着陆导航系统为________。
(A) 目视引导系统和仪表着陆系统 (B) 目视着陆系统和自动着陆系统
(C) 仪表着陆系统和微波着陆系统 (D) 目视着陆系统和目视引导系统
322. 飞机正确的着陆过程应该为________。
(A) 下滑、拉平、平飞减速、飘落触地、滑跑
(B) 滑跑、离地、爬升
(C) 拉平、下滑、接地、滑跑和停止
(D) 下滑、飘落接地、滑跑和停止
323. 国际民航组织(ICAO) 按照跑道上的能见度水平,把气象条件分为________类。
(A) 2 (B) 3 (C) 4 (D) 5
324. 对无人机超视距远距离测控与信息传输的最有效方式是________。
(A) 地面中继链路 (B) 海上中继链路
(C) 空中中继链路 (D) 卫星中继链路
325. 下列材料中体积质量最小的是________。
(A) 铝合金 (B) 钛合金 (C) 合金钢 (D) 镁合金
326. 有色金属中________在航空航天中应用最为广泛。
(A) 合金钢 (B) 镁合金 (C) 铝合金 (D) 钛合金
327. 强度是指结构________。
(A) 承受载荷的能力 (B) 抵抗破坏的能力
(C) 抵抗变形的能力 (D) 寿命的长短
328. 刚度是指结构________。
(A) 承受载荷的能力 (B) 抵抗破坏的能力

(C) 抵抗变形的能力　　(D) 寿命的长短

329. 下列属于飞机机翼横向骨架的是________。

(A) 翼梁　　(B) 纵墙　　(C) 翼肋　　(D) 桁条

330. 机翼的主要受力构件中最强有力的纵向构件是________。

(A) 翼梁　　(B) 纵墙　　(C) 翼肋　　(D) 桁条

331. 机翼的主要受力构件中承受大部分弯矩和剪力的构件是________。

(A) 翼肋　　(B) 翼梁　　(C) 纵墙　　(D) 桁条

332. 机翼纵墙构件主要承受________。

(A) 弯矩　　(B) 剪力

(C) 扭矩　　(D) 扭矩和剪力

333. 薄壁构造机翼是指________。

(A) 蒙皮骨架式　　(B) 组合壁板式

(C) 整体壁板式　　(D) 夹层式

334. 图7所示机翼属于________结构。

(A) 蒙皮骨架式　　(B) 蜂窝夹层

(C) 整体壁板式　　(D) 夹层式

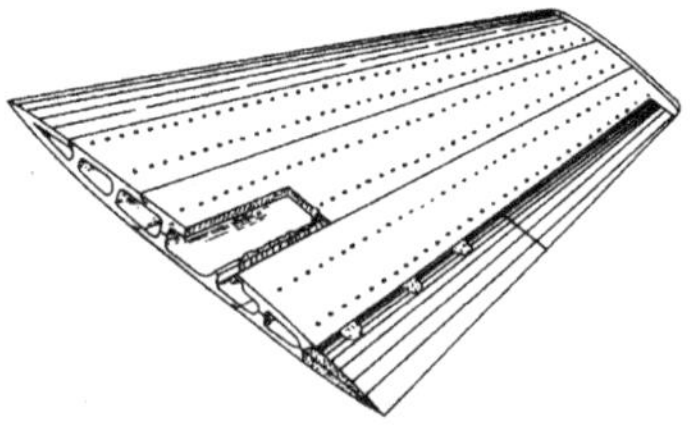

图 7

335. 图8所示机翼属于________结构。

(A) 蒙皮骨架式　　(B) 整体壁板式

(C) 蜂窝夹层　　(D) 泡沫实心夹层式

336. 图9所示机翼属于________结构。

(A) 蒙皮骨架式　　(B) 组合壁板式

(C) 蜂窝夹层　　(D) 泡沫实心夹层式

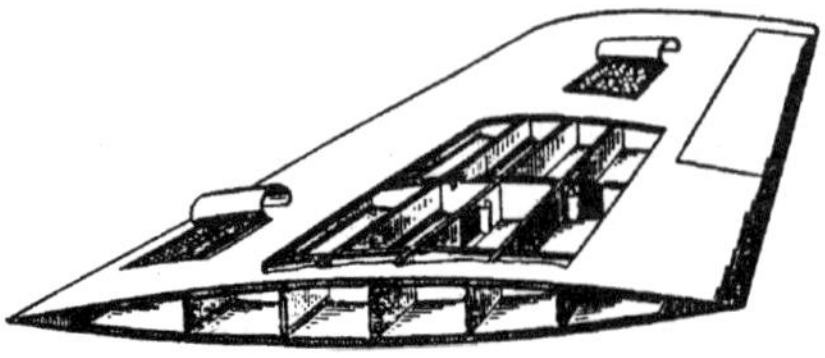

图 8

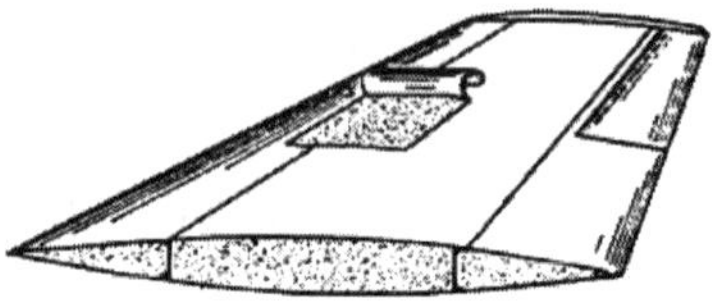

图 9

337. 图10中飞机的起落装置属于________。

(A) 滑轨弹射器式　　(B) 机轮式起落架

(C) 滑橇式起落架　　(D) 浮筒式起落架

图 10

338. 图 11 中飞机的起落装置属于________。

(A) 滑轨弹射器式　　(B) 机轮式起落架

(C) 滑橇式起落架　　(D) 船身式起落架

图 11

339. 图 12 中飞机的起落装置属于________。

(A) 滑轨弹射器式　　(B) 机轮式起落架

(C) 滑橇式起落架　　(D) 浮筒式起落架

图 12

340. 飞机起落装置中使用最广泛的是________。

(A) 滑轨弹射器式　　(B) 机轮式起落架

(C) 滑橇式起落架　　(D) 浮筒式起落架

341. 减震器的主要作用是________。

(A) 满足地面运动，并有一定的减震作用

(B) 用于起落架的收起和放下

(C) 吸收着陆和滑跑时的冲击能量，减小冲击载荷

(D) 承受地面各个方向的载荷并作为安装机轮的支撑部件

342. 机轮的作用是________。

(A) 满足地面运动，并有一定的减震作用

(B) 用于起落架的收起和放下

(C) 是吸收着陆和滑跑冲击能量的主要部件，用于减小冲击载荷

(D) 承受地面各个方向的载荷并作为安装机轮的支撑部件

343. 采用自行车式起落架的飞机在滑跑过程中通常采用________转弯。

(A) 方向舵　(B) 自动控制系统

(C) 前轮的转弯操纵装置　(D) 主轮刹车方式

344. 采用多轮小车式起落架的目的是________。

(A) 减轻起落架的重量　(B) 减小机轮对跑道的压力

(C) 减小收放空间　(D) 减小空气阻力

345. 航天器上用于直接执行特定的航天任务的系统属于________。

(A) 结构系统　(B) 专用系统

(C) 保障系统　(D) 姿态控制系统

346. 载人航天器上用于维持航天员正常工作、生活所必需的设备和系统属于________。

(A) 结构系统　(B) 专用系统

(C) 生命保障系统　(D) 温度控制系统

347. "嫦娥"1号探测器对月球的探测方式是________。

(A) 近旁飞过　(B) 环月探测

(C) 星表着陆定点探测　(D) 星表软着陆巡视探测

348. "嫦娥"3号探测器对月球的探测方式是________。

(A) 近旁飞过　(B) 环月探测

(C) 星表着陆定点探测　(D) 星表软着陆巡视探测

349. 美国"凤凰"号探测器对火星的探测方式是________。

(A) 近旁飞过　(B) 环绕探测

(C) 星表着陆定点探测　(D) 星表软着陆巡视探测

350. "嫦娥"3号探测器的着陆方式是________。

(A) 硬着陆　(B) 气囊弹跳式软着陆

(C) 着陆腿式软着陆　(D) 空中吊车式着陆

351. 气囊弹跳式软着陆方式最大的优点是________。

(A) 着陆点范围大　(B) 能够适应星球表面的各种变化

(C) 适应的航天器体积大　(D) 着陆冲击小

352. 着陆腿式软着陆方式最大的优点是________。

(A) 着陆点精准　(B) 能够适应星球表面的各种变化

(C) 着陆不易倾覆　(D) 着陆冲击小

353. 空中吊车式软着陆方式最大的优点是________。

(A) 着陆简单　(B) 控制可靠

(C) 不需要反冲发动机　(D) 着陆冲击小

354. 载人飞船的核心部分是________。

(A) 轨道舱　(B) 服务舱

(C) 对接舱　(D) 乘员返回舱

355. 载人飞船的控制中心是________。

(A) 轨道舱　(B) 服务舱

(C) 应急舱　(D) 乘员返回舱

356. 载人飞船结构中放置各种实验仪器设备的舱段是________。

(A) 轨道舱　　(B) 服务舱

(C) 对接舱　　(D) 乘员返回舱

357. 载人飞船结构中航天员在轨工作的舱段是________。

(A) 轨道舱　　(B) 服务舱

(C) 应急舱　　(D) 乘员返回舱

358. 载人飞船结构中安装推进系统、电源、气源等设备的舱段是________。

(A) 轨道舱　　(B) 服务舱

(C) 对接舱　　(D) 乘员返回舱

359. 载人飞船返回舱在再入大气层时大端朝前的主要目的是________。

(A) 保持航天员头部朝上　　(B) 增大制动过载

(C) 尽快减速　　(D) 提高结构的承载能力

360. 以下关于逃逸塔描述正确的是________。

(A) 位于返回舱底部

(B) 发生紧急情况时分离发动机迅速点火

(C) 逃逸发动机为固体火箭发动机

(D) 分离发动机为液体火箭发动机

361. 关于登月载人飞船的登月舱描述正确的是________。

(A) 是飞船的控制中心　　(B) 是航天员飞行中生活和工作的座舱

(C) 装有主发动机、推进剂储箱等设备　　(D) 由下降级和上升级组成

362. "和平"号空间站的科学实验舱包括________舱室。

(A) 2 个　　(B) 3 个　　(C) 4 个　　(D) 5 个

363. 目前世界上在轨运行的规模最大、结构最复杂的空间站是________。

(A) 天空实验室　　(B) "和平号"空间站

(C) 国际空间站　　(D) "天宫"空间站

364. 国际空间站中加拿大制造的遥控机械臂可搬动重量约为________t 的有效载荷。

(A) 10　　(B) 15　　(C) 20　　(D) 25

365. 美国航天飞机最多可以乘载________人。

(A) 5 个　　(B) 7 个　　(C) 10 个　　(D) 12 个

366. 美国航天飞机的组成部件中只能一次性使用的是________。

(A) 助推器　　(B) 轨道器　　(C) 外挂储箱　　(D) 主发动机

367. 导弹中________的功用是摧毁目标。

(A) 弹身　　(B) 战斗部　　(C) 引信　　(D) 保险装置

368. 有翼导弹的各组成部分中________的功能是引导控制导弹以一定的准确度飞向目标。

(A) 战斗部系统　　(B) 动力系统

(C) 制导系统　　(D) 导航系统

369. 图 13 所示导弹的气动布局形式为________。

(A) 正常式　　(B) 鸭式

(C) 无尾式　　(D) 可偏弹翼式

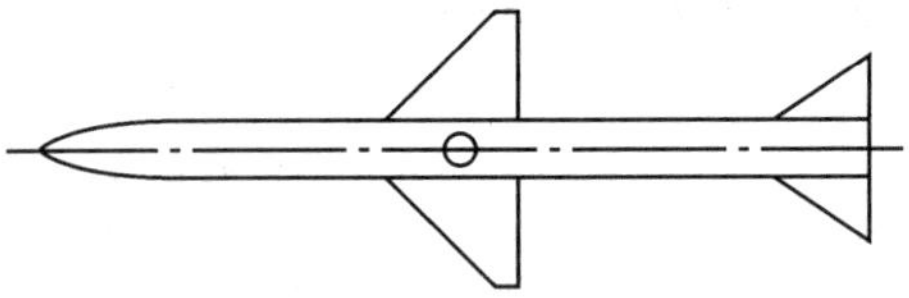

图 13

370. 图14所示导弹的气动布局形式为________。

(A) 正常式　(B) 鸭式
(C) 无尾式　(D) 可偏弹翼式

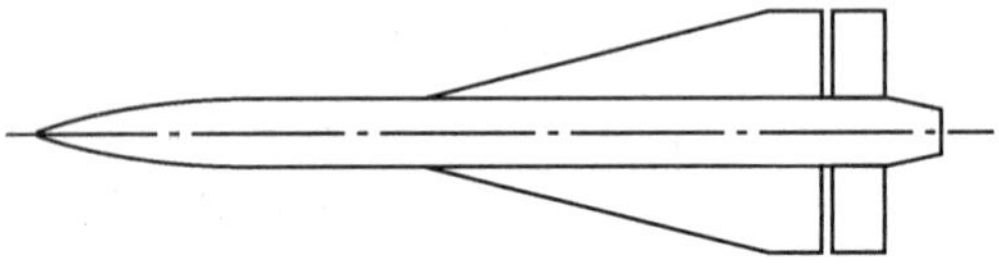

图 14

371. 图15所示导弹的气动布局形式为________。

(A) 正常式　(B) 鸭式
(C) 无尾式　(D) 可偏弹翼式

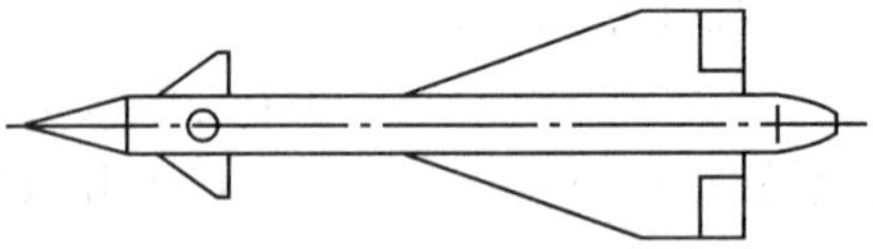

图 15

372. 平面形的弹翼沿弹身周向布置方式一般用于________。

(A) 巡航导弹　(B) 高机动性导弹
(C) 空地导弹　(D) 空空导弹

373. X形的弹翼沿弹身周向布置方式一般用于________。

(A) 巡航导弹　(B) 高机动性导弹
(C) 弹道导弹　(D) 战略导弹

374. 巡航导弹一般采用________发动机。

(A) 活塞　(B) 空气喷气　(C) 火箭　(D) 组合

375. 弹道导弹的飞行过程是________。

(A) 靠发射时的弹射力获得瞬间速度,然后依靠惯性飞行
(B) 一直靠发动机推力飞行
(C) 开始阶段靠发动机推力前进,发动机停止工作后,靠惯性飞行
(D) 发射后先靠惯性飞行,一段时间后发动机启动,靠推力飞行

376. 母弹头和子弹头都没有装推进系统和制导系统的多弹头属于________。

(A) 集束式　(B) 推进式　(C) 分导式　(D) 机动式

377. 母弹头装推进系统和制导系统,而子弹头没有推进系统和制导系统的多弹头属于________。

（A）集束式　（B）推进式　（C）分导式　（D）机动式

378. 母弹头和子弹头都装有推进系统和制导系统的多弹头属于________。

（A）集束式　（B）推进式　（C）分导式　（D）机动式

1.2 多项选择

1. 2005年10月12日"神舟"6号飞船发射成功，飞船搭载两名航天员________在太空飞行了5天时间。

（A）杨利伟　（B）聂海胜　（C）费俊龙　（D）翟志刚

2. 2008年9月25日，"神舟"7号飞船搭载________在酒泉卫星发射中心发射升空。

（A）景海鹏　（B）费俊龙　（C）刘伯明　（D）翟志刚

3. 中国2003年启动了名为"嫦娥"工程的月球探测计划，该计划分________几个阶段实施。

（A）发射环绕月球的卫星　（B）发射月球探测器

（C）载人登月　（D）送机器人上月球并建立观测站

4. 飞行器可分为三大类，下列器械属于飞行器的有________。

（A）航空器　（B）航天器

（C）气垫船　（D）火箭和导弹

5. 下列飞行器中，________属于轻于空气的航空器。

（A）固定翼航空器　（B）气球

（C）飞艇　（D）倾转旋翼机

6. 下列飞行器中，________属于重于空气的航空器。

（A）浮空器　（B）旋翼航空器

（C）扑翼机　（D）倾转旋翼机

7. 下列飞行器中，________属于固定翼航空器。

（A）飞机　（B）直升机　（C）滑翔机　（D）旋翼机

8. 旋翼航空器包括________。

（A）滑翔机　（B）直升机　（C）旋翼机　（D）飞机

9. 气球和飞艇的区别在于________。

（A）飞艇有动力装置而气球没有　（B）飞艇有气动舵面而气球没有

（C）飞艇可载人而气球不可　（D）飞艇和气球均可用于吊装

10. 人造卫星可分为科学卫星、应用卫星和试验卫星三类，属于应用卫星的有________。

（A）通信卫星　（B）气象卫星　（C）侦察卫星　（D）技术卫星

11. 根据是否环绕地球运行，无人航天器分为________。

（A）空间站　（B）航天飞机

（C）人造地球卫星　（D）空间探测器

12. 按照用途，人造卫星可分为________几大类。

（A）科学卫星　（B）应用卫星

（C）商业卫星　（D）技术试验卫星

13. 目前已有的载人航天器分________几大类。

(A) 航天飞机　(B) 载人飞船　(C) 空天飞机　(D) 空间站

14. 下列关于航天飞机的说法正确的是________。
(A) 可以重复使用,是目前最安全、最有效的航天器
(B) 可以进入近地轨道完成多种任务
(C) 能完成包括人造地球卫星、飞船、空间探测器甚至小型空间站的许多功能
(D) 世界上只有美国和苏联有过航天飞机

15. 已经使用的天地往返运输系统有________。
(A) 一次性使用的载人飞船　(B) 一次性使用的运货飞船
(C) 可重复使用的航天飞机　(D) 可重复使用的空天飞机

16. 属于中国第二代超声速战斗机的是________。
(A) 歼6　(B) 歼7　(C) 歼8　(D) 歼10

17. 歼15舰载机的外形特点包括________。
(A) 装配了前翼　(B) V形垂尾
(C) 折叠式机翼　(D) 前三点式起落架

18. 歼20的外形特点包括________。
(A) 鸭翼布局　(B) 双座　(C) 双发　(D) 全动平尾

19. 歼31的外形特点包括________。
(A) 鸭翼布局　(B) 单座　(C) 双发　(D) T形垂尾

20. 中国BZK-005中高空远程无人侦察机的特点是________。
(A) 双尾撑布局　(B) 小展弦比机翼
(C) 具有隐身能力　(D) 续航时间大于60小时

21. 目前中国的应用卫星主要包括等________几大系列。
(A) 地球静止轨道通信卫星　(B) 技术试验卫星
(C) 太阳(地球)同步轨道气象卫星　(D) 导航定位卫星

22. 航空飞行器隐身技术主要包括________。
(A) 雷达隐身　(B) 红外隐身　(C) 声学隐身　(D) 光学隐身

23. 具有超声速巡航能力的战斗机具有________等优势。
(A) 可以更快速地飞抵战区执行任务
(B) 可以在超声速飞行状态发射导弹
(C) 可以提高飞机的低空飞行性能
(D) 可以高速脱离战区避免敌人的攻击

24. 过失速机动的作用为________。
(A) 有利于空中近距格斗
(B) 有利于提高爬升率
(C) 有利于超视距作战能力
(D) 有利于提高对目标的击毁概率

25. 雷达隐身的措施主要包括________。
(A) 外形隐身　(B) 降低发动机的排气温度
(C) 采用倾斜的双立尾　(D) 应用吸波材料

26. 红外隐身的主要措施有________等。
(A) 采用涡扇发动机　(B) 采用矩形二元喷管
(C) 发动机布置在机身或机翼上面　(D) 应用吸波材料

27. 推力矢量技术对飞机的________有重要影响。
(A) 机动性　(B) 敏捷性
(C) 超声速巡航　(D) 短距起降

28. 第二次世界大战中著名的飞机有________。
(A) 日本的"零"式　(B) 美国的 P-51
(C) 苏联的米格-9　(D) 美国的 P-61

29. 歼击机的主要任务是________。
(A) 空战　(B) 侦察　(C) 拦截敌机　(D) 运输

30. 第一代超声速战斗机的代表机型有________。
(A) F-86　(B) F-100　(C) 米格-19　(D) 雅克-18

31. 第二代超声速战斗机的代表机型有________。
(A) 米格-21　(B) 米格-15　(C) F-104　(D) F-111

32. 第三代战斗机的代表机型有________。
(A) F-4　(B) F-15　(C) Su-27　(D) 米格-29

33. 第四代战斗机应具备________和超视距多目标攻击能力等先进的战术技术性能。
(A) 隐身能力　(B) 超声速巡航能力
(C) 空中指挥　(D) 推力矢量技术

34. 属于第四代战斗机的有________。
(A) Su-47　(B) F-35　(C) 歼 31　(D) 歼 20

35. 具有隐身性能的飞机有________。
(A) F-22　(B) F-117　(C) JAS-39　(D) B-2

36. 飞行速度超过 3 倍声速的飞机有________。
(A) 米格-23　(B) X-43A　(C) F-22　(D) SR-71

37. 中国已有的直升机产品包括________。
(A) 直 9　(B) 直 10　(C) 直 11　(D) 直 20

38. 对流层的主要气象特点为________。
(A) 风向、风速经常变化　(B) 空气上下对流剧烈
(C) 有云、雨、雾、雪等天气现象　(D) 气流比较平稳,能见度较好

39. 航空器的飞行环境是________。
(A) 对流层　(B) 平流层　(C) 中间层　(D) 散逸层

40. 空间飞行环境主要是指________等形成的飞行环境。
(A) 真空　(B) 电磁辐射
(C) 高能粒子辐射　(D) 等离子体

41. 行星际空间环境主要受________的影响。
(A) 太阳活动　(B) 来自银河系的宇宙线
(C) 微流星体　(D) 来自银河系的高能带电粒子

42. 行星际空间的特点包括________。
(A) 高度真空　(B) 低温　(C) 失重　(D) 强辐射

43. 国际标准大气的规定包括________。
(A) 大气被看成完全气体　(B) 以海平面的高度为零高度
(C) 气温为摄氏 20 ℃　(D) 服从气体的状态方程

44. 当气流流过如图 16 所示上凸下平的翼型上翼面时,以下描述正确的是________。
(A) 气流速度增大　(B) 压强降低
(C) 气流速度减小　(D) 压强增大

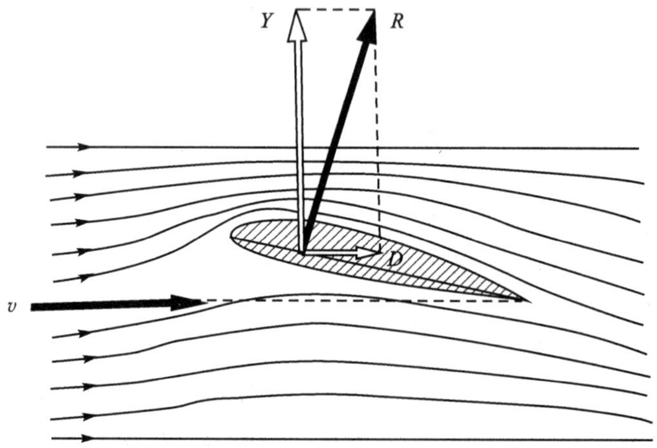

图 16

45. 当气流流过如图 16 所示上凸下平的翼型下翼面时,以下描述正确的是________。
(A) 气流速度增大　(B) 压强降低
(C) 气流速度减小　(D) 压强增大

46. 影响升力的因素有________。
(A) 机身面积　(B) 相对速度
(C) 空气密度　(D) 机翼剖面形状

47. 迎角为零时仍可产生升力的翼型有________。
(A) 对称翼型　(B) 平板翼型　(C) 平凸翼型　(D) 层流翼型

48. 翼型的零升阻力包括________。
(A) 黏性摩擦阻力　(B) 黏性压差阻力
(C) 干扰阻力　(D) 诱导阻力

49. 摩擦阻力的大小,取决于________。
(A) 空气的黏性　(B) 飞行器形状
(C) 附面层中气流的流动情况　(D) 同气流接触的飞机表面积的大小

50. 压差阻力主要与________等因素有关。
(A) 飞行器形状　(B) 最大迎风面积
(C) 升力　(D) 翼弦长度

51. 诱导阻力与________等因素有关。

(A) 机翼的平面形状
(B) 机翼剖面形状
(C) 展弦比
(D) 飞机不同部件之间的相对位置

52. 减小干扰阻力的措施有________。
(A) 加装流线型的整流片
(B) 使连接处圆滑过渡
(C) 加装翼梢小翼
(D) 合理安排部件位置

53. 大展弦比平直机翼的气动特点为________。
(A) 低速时升力系数较大
(B) 低速时诱导阻力大
(C) 高速时激波阻力大
(D) 局部激波产生得早

54. 飞机发生声障时会产生等________现象。
(A) 剧烈的抖振
(B) 变得很不稳定
(C) 激波对地面建筑有一定影响
(D) 驾驶员感觉有很大阻力

55. 关于激波的说法正确的是________。
(A) 波面之后空气的压强突然增大
(B) 波面之后温度降低
(C) 波面之后气流速度会大大降低
(D) 波面之后气流密度增大

56. 飞机的纵向气动布局类型包括________。
(A) 正常式　(B)"鸭"式　(C) 双立尾式　(D) 无尾式

57. 飞机的机翼几何外形参数包括________。
(A) 翼展
(B) 翼弦
(C) 前缘后掠角
(D) 机身长细比

58. 超临界翼型的特点包括________。
(A) 前缘较普通翼型圆钝
(B) 前缘较普通翼型尖锐
(C) 上表面比较平坦
(D) 下表面接近后缘处有反凹

59. "声爆"强度同飞机的________等因素有关。
(A) 飞行高度
(B) 发动机推力
(C) 飞行速度
(D) 飞行姿态

60. 减小激波阻力的方法有________。
(A) 采用三角形机翼
(B) 采用平直机翼
(C) 采用边条机翼
(D) 采用鸭式布局

61. 采用变后掠翼的主要目的是________。
(A) 增大失速迎角
(B) 改善低速和高速性能
(C) 提高临界马赫数
(D) 减小机翼面积

62. 三角机翼飞机的优点为________。
(A) 结构重量轻
(B) 气动焦点变化范围小
(C) 升力大
(D) 激波阻力小

63. 小展弦比机翼飞机的优点是________。
(A) 起落性能好
(B) 诱导阻力小
(C) 激波阻力小
(D) 机动性能好

64. 变后掠翼飞机的主要缺点是________。
(A) 机翼变后掠转动机构复杂
(B) 结构重量大

(C) 气动中心变化大　　(D) 飞行阻力大

65. 鸭式布局飞机的主要优点为________。

(A) 起降性能好　　(B) 高速性能好

(C) “鸭翼”对升力的贡献为正　　(D) 稳定性好

66. 前掠翼飞机的主要优点包括________。

(A) 大迎角低速过失速机动性能好　　(B) 起飞着陆性能好

(C) 不会产生气动发散现象　　(D) 稳定性好

67. 飞机飞行性能包括________等参数。

(A) 巡航速度　　(B) 后掠角

(C) 迎角　　(D) 最大平飞速度

68. 尾旋的特点是________。

(A) 迎角大　　(B) 螺旋半径大

(C) 旋转角速度高　　(D) 下沉速度大

69. 下列________飞机可以做尾旋机动。

(A) 歼击机　　(B) 教练机　　(C) 轰炸机　　(D) 侦察机

70. 目前解决热障的方法主要有________。

(A) 采用耐高温材料　　(B) 烧蚀法

(C) 用隔热层保护　　(D) 冷却法

71. 与固定翼飞机相比,直升机存在________等问题。

(A) 速度小、航程短　　(B) 飞行高度低

(C) 振动和噪声较大　　(D) 可靠性较差

72. 直升机的优点包括________。

(A) 能垂直起降　　(B) 能在空中悬停

(C) 能沿任意方向飞行　　(D) 飞行速度高,但航程相对来说比较短

73. 直升机的飞行操纵包括________。

(A) 机头转向操纵　　(B) 总距操纵

(C) 周期性桨距操纵　　(D) 襟翼操纵

74. 开普勒三大定律包括________。

(A) 万有引力定律　　(B) 椭圆定律

(C) 面积定律　　(D) 调和定律

75. 航天器的轨道类型包括________。

(A) 圆轨道　　(B) 椭圆轨道

(C) 抛物线轨道　　(D) 双曲线轨道

76. 决定发射窗口的主要因素包括________。

(A) 轨道条件　　(B) 轨道要求

(C) 气象条件　　(D) 航天器工作条件

77. 航天器由运载火箭发射升空到完成全部飞行任务顺利返回的整个过程,通常包括________几个阶段。

(A) 发射场准备　　(B) 发射入轨段

(C) 在轨运行段　　(D) 返回再入段

78. 轨道机动包括________等多个方面。

(A) 轨道摄动　(B) 轨道转移　(C) 轨道交会　(D) 轨道修正

79. 轨道交会和对接常用于________等场合。

(A) 飞船与空间站　(B) 航天飞机与空间站

(C) 飞船与卫星　(D) 航天飞机回收卫星

80. 自发射之日起,“嫦娥”1号卫星经历了________的漫长征程,最终进入工作轨道。

(A) 地球轨道　(B) 地月转移轨道

(C) 环月轨道　(D) 月球轨道

81. 根据再入航天器再入段的飞行轨迹,航天器的再入方式可以分成________几种类型。

(A) 纯弹道式　(B) 半弹道式　(C) 跳跃式　(D) 滑翔式

82. 卫星的姿态稳定控制有________等方式。

(A) 自旋稳定　(B) 三轴姿态控制

(C) 重力梯度稳定　(D) 三轴稳定控制

83. 自旋稳定方式的卫星形状一般是________。

(A) 圆柱形　(B) 球形

(C) 椭球形　(D) 对形状无要求

84. 关于重力梯度稳定的卫星姿态控制方式,其说法正确的是________。

(A) 控制精度较高　(B) 不耗费能源

(C) 结构简单　(D) 可长期运行

85. 三轴稳定法是通过控制________三根轴来确定卫星姿态的稳定控制方法。

(A) 俯仰轴　(B) 偏航轴　(C) 自转轴　(D) 滚转轴

86. 按发动机产生推力原理的不同和发动机工作原理的不同发动机可分为________。

(A) 火箭发动机　(B) 组合发动机

(C) 活塞式发动机　(D) 空气喷气发动机

87. 下列属于燃气涡轮发动机的是________。

(A) 涡轮喷气发动机　(B) 涡轮风扇发动机

(C) 冲压喷气发动机　(D) 垂直起落发动机

88. 能直接产生使飞行器前进的推力的发动机有________。

(A) 活塞发动机　(B) 涡轮喷气发动机

(C) 涡轮风扇发动机　(D) 火箭发动机

89. 下列属于喷气式发动机的是________。

(A) 火箭发动机　(B) 蒸汽发动机

(C) 活塞式发动机　(D) 空气喷气发动机

90. 有压气机的发动机有________。

(A) 涡轮喷气发动机　(B) 涡轮轴发动机

(C) 冲压发动机　(D) 活塞发动机

91. 目前活塞式发动机主要用在________飞机上。

(A) 小型公务机　(B) 农业飞机

(C) 大中型飞机　　(D) 小型多用途运输机

92. 活塞发动机的主要性能参数有________。
(A) 推力　　(B) 发动机功率
(C) 耗油率　　(D) 功率重量比

93. 燃气涡轮发动机的核心机由________组成。
(A) 尾喷管　　(B) 压气机　　(C) 燃烧室　　(D) 涡轮

94. 进气道的功用为________。
(A) 整流　　(B) 减压
(C) 增速　　(D) 将动能转变为压力能

95. 轴流式压气机工作过程中,静子叶片的作用是________。
(A) 对气流起减速作用　　(B) 对气流起增速作用
(C) 对气流起增压作用　　(D) 改变气流的方向

96. 轴流式压气机中转子叶片的作用是________。
(A) 减速　　(B) 增压
(C) 调整气流方向　　(D) 增速

97. 涡轮喷气发动机中对空气有增压作用的部件有________。
(A) 进气道　　(B) 压气机　　(C) 涡轮　　(D) 尾喷管

98. 喷气发动机燃烧室的作用包括________。
(A) 增大气流速度　　(B) 产生推力
(C) 减小气流的压力　　(D) 将化学能转变为热能

99. 涡轮喷气发动机的加力燃烧室与主燃烧室相比有________等特点。
(A) 燃气速度高　　(B) 燃气混合更充分
(C) 燃烧温度高　　(D) 燃气含氧率高

100. 涡轮螺桨发动机与活塞式发动机相比,具有________的优点。
(A) 功率重量比大　　(B) 耗油率低
(C) 振动小　　(D) 低空性能好

101. 涡轮螺桨发动机的推力是由________产生的。
(A) 螺桨　　(B) 涡轮　　(C) 尾喷口　　(D) 压气机

102. 涡轮螺桨发动机与涡轮喷气发动机比,具有________的优点。
(A) 功率重量比大　　(B) 在低亚声速飞行时效率较高
(C) 耗油率小　　(D) 高空性能好

103. 涡轮风扇发动机的主要优点为________。
(A) 产生的推力大　　(B) 效率高
(C) 噪声低　　(D) 排气速度大

104. 桨扇发动机的突出优点是________。
(A) 推进效率高
(B) 省油
(C) 适宜的飞行速度较高,可达 800 km/h 以上
(D) 它是大中型客机的首选

105. 涡轮喷气发动机规定的工作状态中，严格限制工作时间的有________。
(A) 起飞状态 (B) 额定状态 (C) 巡航状态 (D) 慢车状态

106. 目前飞机上用的推力矢量发动机产生推力矢量的方式主要包括________。
(A) 摆动发动机 (B) 轴对称全向推力矢量喷管
(C) 二元推力矢量喷管 (D) 折流板

107. 冲压发动机通常由________组成。
(A) 压气机 (B) 进气道 (C) 燃烧室 (D) 尾喷管

108. 现代冲压发动机按飞行速度可分为________发动机。
(A) 低速 (B) 亚声速 (C) 超声速 (D) 高超声速

109. 适合于高超声速飞行的发动机有________。
(A) 火箭发动机 (B) 涡轮风扇发动机
(C) 冲压发动机 (D) 脉动式发动机

110. 按推进剂类型的不同，火箭发动机可分为________几大类。
(A) 液体火箭发动机 (B) 固体火箭发动机
(C) 气体火箭发动机 (D) 固一液混合发动机

111. 火箭发动机与航空发动机相比，其主要优势为________。
(A) 推重比高 (B) 推力不受飞行姿态影响
(C) 推力与飞行高度无关 (D) 飞行速度不受限制

112. 液体火箭发动机按所用推进剂组元数目的不同，一般可以分为________几种形式。
(A) 单组元 (B) 双组元 (C) 三组元 (D) 多组元

113. 液体火箭发动机主要由________等组成。
(A) 推进剂输送系统 (B) 推力终止装置
(C) 推力室 (D) 冷却系统

114. 常用的液体燃烧剂有________。
(A) 液氧 (B) 液氢 (C) 航空煤油 (D) 航空汽油

115. 对用来冷却液体火箭发动机推力室壁的推进剂的特殊要求是________。
(A) 沸点高 (B) 无毒性 (C) 黏度小 (D) 传热性好

116. 液氧的优点是________。
(A) 无毒 (B) 成本低 (C) 沸点低 (D) 易贮存

117. 液氢的缺点是________。
(A) 沸点低 (B) 比冲低 (C) 易燃、易爆 (D) 不易贮存

118. 液体火箭发动机的主要优点是________。
(A) 比冲高 (B) 推力范围大
(C) 能反复启动 (D) 较易控制推力的大小

119. 固体火箭发动机主要由________等组成。
(A) 药柱 (B) 燃烧室
(C) 喷管组件 (D) 燃料调节控制活门

120. 固体火箭发动机可以采取________等措施终止推力。
(A) 发动机自动熄火 (B) 从径向孔排出燃气

(C) 产生反向推力　　(D) 关闭所有喷口

121. 固体火箭发动机常用于________等方面。

(A) 导弹　　(B) 探空火箭

(C) 航天飞机主发动机　　(D) 飞机起飞的助推器

122. 固体火箭发动机与液体火箭发动机相比其主要优点是________。

(A) 启动方便　　(B) 推力调节方便

(C) 结构简单　　(D) 推进剂稳定性好

123. 火箭发动机的主要性能参数有________。

(A) 推力　　(B) 推进剂消耗率

(C) 冲量　　(D) 比冲

124. 下列设备中,________属于机载设备。

(A) 测量传感器　　(B) 显示仪表

(C) 导航系统　　(D) 操纵系统

125. 飞行器在飞行过程中需要测量的状态参数主要有________。

(A) 飞行参数　　(B) 动力系统参数

(C) 导航参数　　(D) 生命保障系统参数

126. 下列飞行器状态参数中,________属于飞行参数。

(A) 飞行高度　　(B) 姿态角　　(C) 位置　　(D) 距离

127. 下列飞行器状态参数中,________属于导航参数。

(A) 高度　　(B) 姿态角　　(C) 位置　　(D) 距离

128. 下列飞行状态参数中,________属于线运动参数。

(A) 飞行高度　　(B) 姿态角

(C) 线加速度　　(D) 姿态角速度

129. 下列飞行状态参数中,________属于角运动参数。

(A) 姿态角加速度　　(B) 姿态角

(C) 线加速度　　(D) 姿态角速度

130. 飞行高度可分为________。

(A) 地面海拔高度　　(B) 绝对高度

(C) 相对高度　　(D) 标准气压高度

131. 飞行高度的测量可以采用________等方法。

(A) 无线电测高　　(B) 直接测量法测高

(C) 激光测高　　(D) 同位素测高

132. 飞行速度可以采用________等多种测量方法。

(A) 压力测量法　　(B) 加速度积分测量法

(C) 同位素测量法　　(D) 雷达测量法

133. 大气数据系统由________等部分组成。

(A) 计算机　　(B) 传感器

(C) 输入、输出接口　　(D) 陀螺仪

134. 陀螺仪的两个重要特性是________。

(A) 可绕支点任意转动　　(B) 定轴性
(C) 进动性　　(D) 静动性

135. 陀螺地平仪由________等组成。
(A) 磁罗盘　　(B) 双自由度陀螺仪
(C) 摆式敏感元件　　(D) 力矩器

136. 机械仪表显示系统的主要缺点有________。
(A) 显示精度不高　　(B) 被测参数的数字变化过程较慢
(C) 易受振动和冲击的影响　　(D) 不易实现综合显示

137. 电子显示系统的突出优点是________。
(A) 显示灵活多样,形象逼真　　(B) 容易实现综合显示
(C) 显示精度显著提高　　(D) 能够反映参数变化趋势

138. 主飞行显示器显示的内容包括________。
(A) 机场　　(B) 航向角
(C) 地标位置和标高　　(D) 俯仰角

139. 导航参数显示仪显示的内容包括________。
(A) 机场　　(B) 航向角
(C) 附近各种导航台位置及其名称　　(D) 失速警告

140. 飞行员个体防护设备包括________。
(A) 高空缺氧防护装置　　(B) 抗荷装置
(C) 防热装置　　(D) 保护头盔

141. 现代高性能战斗机抗过载的措施有________。
(A) 采用抗荷服　　(B) 采用代偿加压呼吸系统
(C) 前倾坐椅　　(D) 后倾坐椅

142. 航天器返回阶段可用的救生方式是________。
(A) 弹射坐椅　　(B) 多降落伞系统
(C) 中断飞行计划,提前返回地面　　(D) 逃逸塔

143. 在发射台上或低空状态常用的救生方式是________。
(A) 弹射坐椅　　(B) 降落伞
(C) 航天器的冗余设计　　(D) 逃逸塔

144. 目前常用的飞行器导航方式有________和天文导航等。
(A) 无线电导航　　(B) 惯性导航
(C) 卫星导航　　(D) 图像匹配导航

145. 根据导航方式的不同无线电导航可分为________等几种类型。
(A) 测向无线电导航　　(B) 测距无线电导航
(C) 测高无线电导航　　(D) 测距差无线电导航

146. 无线电导航由于具备________的特点,所以是飞行器导航的主要技术手段之一。
(A) 不易被发现　　(B) 很少受气候条件的限制
(C) 作用距离远、精度高　　(D) 设备简单可靠

147. 全向信标导航(VOR) 系统是一种________导航系统。

(A) 近距　(B) 远距　(C) 测向　(D) 测距

148. 惯性导航系统主要由________等组成。
(A) 惯性敏感元件　(B) 接收设备
(C) 数字计算机　(D) 陀螺仪

149. 惯性导航技术的特点包括________。
(A) 可全天候使用　(B) 可在高空使用
(C) 完全自主导航　(D) 可在水下使用

150. 下列________导航技术属于自主导航。
(A) 天文导航　(B) 卫星导航
(C) 惯性导航　(D) 图像匹配导航

151. 美国的GPS全球定位系统包括________等组成部分。
(A) 导航卫星　(B) 地面站组
(C) 用户设备　(D) 惯性导航设备

152. 卫星导航系统可为用户提供以下________信息。
(A) 用户经度　(B) 用户纬度　(C) 地速　(D) 精确时间

153. 以下关于俄罗斯Glonass导航系统说法正确的是________。
(A) 卫星分布在3个轨道平面内　(B) 卫星分布在6个轨道平面内
(C) 可提供三维空间和速度信息　(D) 可实现全球定位

154. 图像匹配导航可分为________。
(A) 数字匹配导航　(B) 地形匹配导航
(C) 地域匹配导航　(D) 景象匹配导航

155. 在地形匹配导航中,________是保证飞机低空安全飞行高度的重要技术。
(A) 地形跟踪　(B) 地形回避　(C) 图像存贮　(D) 威胁回避

156. 天文导航比较适合于________等飞行器。
(A) 低空飞行的飞机　(B) 宇宙飞船
(C) 航天飞机　(D) 弹道导弹

157. 目前常用的导弹制导方式有________等。
(A) 光纤制导　(B) 红外制导　(C) 电视制导　(D) 激光制导

158. 航天测控系统根据测控对象的不同可分为________几大类。
(A) 卫星测控系统　(B) 载人航天测控系统
(C) 月球测控系统　(D) 深空测控系统

159. 中国的航天测控控制中心包括________。
(A) 北京航天飞行控制中心　(B) 西昌卫星发射指挥控制中心
(C) 西安卫星测控中心　(D) 酒泉发射指挥控制中心

160. 中国航天陆上测控站包括________。
(A) 东风站　(B) 青岛站　(C) 国外站　(D) 机动站

161. 电传操纵系统主要包括________等部件。
(A) 微型驾驶杆　(B) 传动装置
(C) 信号综合处理和余度管理计算机　(D) 执行机构

162. 目前，电传操纵主要采用________来提高系统的可靠性。
(A) 余度配置技术　(B) 以机械系统为备份
(C) 机械系统冗余　(D) 自动故障排除技术
163. 自动驾驶仪由________等组成。
(A) 敏感元件　(B) 综合放大装置
(C) 执行装置　(D) 舵面
164. 仪表着陆系统可引导飞机在________类气象条件下着陆。
(A) Ⅰ　(B) Ⅱ　(C) Ⅲ　(D) Ⅳ
165. 仪表着陆系统由________等组成。
(A) 航向信标　(B) 下滑信标　(C) 指点信标　(D) 方位台
166. 无人机地面控制站由________等组成。
(A) 飞行操纵　(B) 任务载荷控制
(C) 数据链路控制　(D) 通信指挥
167. 无人机数据链路主要由________等组成。
(A) 地面控制站　(B) 机载数据终端
(C) 地面设备　(D) 通信指挥系统
168. 无人机的数据中继站包括________。
(A) 地面中继站　(B) 海上中继站
(C) 空中中继站　(D) 卫星中继站
169. 飞行器结构包括________。
(A) 受力部件　(B) 支撑构件　(C) 动力装置　(D) 机载设备
170. 飞行器结构应满足________等基本要求。
(A) 空气动力要求　(B) 重量和强度、刚度要求
(C) 使用维护要求　(D) 工艺和经济性要求
171. 常用于航空航天领域的结构材料有________。
(A) 合金钢类　(B) 铝镁合金类
(C) 黑色金属类　(D) 复合材料
172. 机翼的功用主要是________。
(A) 提供升力
(B) 与尾翼一起形成良好的稳定性和操纵性
(C) 装载货物
(D) 输送燃油
173. 飞机飞行过程中作用在机翼上的外载荷可包括________。
(A) 气动集中载荷　(B) 起落架冲击载荷
(C) 质量力分布载荷　(D) 质量力集中载荷
174. 机翼的基本受力构件包括________。
(A) 纵向骨架　(B) 横向骨架　(C) 接头　(D) 蒙皮
175. 下列属于飞机机翼纵向骨架的是________。
(A) 翼梁　(B) 纵墙　(C) 翼肋　(D) 桁条

176. 下列属于飞机机翼横向骨架的是________。
(A) 加强翼肋 (B) 纵墙 (C) 普通翼肋 (D) 桁条
177. 下列关于翼梁的说法正确的是________。
(A) 它是最强有力的纵向构件
(B) 承受大部分弯矩和剪力
(C) 有组合式翼梁和整体锻造式翼梁
(D) 在机翼根部与机身用铰链接头连接
178. 下列关于纵墙的说法正确的是________。
(A) 结构与翼梁差不多,有较强的上下凸缘
(B) 属于横向构件
(C) 相对翼梁而言承受弯矩很小或根本不承受弯矩
(D) 在机翼根部与机身用较弱的固定接头或用铰链接头连接
179. 桁条主要用于________。
(A) 承受大部分弯矩和剪力 (B) 支撑蒙皮
(C) 承受扭矩 (D) 将蒙皮的气动力传递给翼肋
180. 下列关于翼肋的说法正确的是________。
(A) 它是纵向受力骨架
(B) 主要用于维持机翼的剖面形状
(C) 可承受弯矩
(D) 翼肋上开有减轻孔是为了减轻重量和内部零件通过
181. 蒙皮的主要作用是________。
(A) 安装各种外挂 (B) 承受局部气动载荷
(C) 形成和维持机翼的气动外形 (D) 参与承受机翼的剪力、弯矩和扭矩
182. 机翼的典型构造形式有________。
(A) 蒙皮骨架式 (B) 复合式
(C) 整体壁板式 (D) 夹层式
183. 整体壁板式机翼的特点是________。
(A) 强度大、刚性好 (B) 铆接缝少,表面光滑
(C) 气动外形好 (D) 不适于复合材料制造
184. 机身的典型构造形式有________。
(A) 蒙皮骨架式 (B) 复合式
(C) 整体壁板式 (D) 夹层式
185. 机身的结构形式与机翼的不同之处在于________。
(A) 机身结构中没有桁条,而机翼中有
(B) 梁式机身的梁本身没有腹板
(C) 机身结构中维持横截面形状的称为隔框,而机翼中称翼肋
(D) 蒙皮材料不同
186. 下列关于机身的说法正确的是________。
(A) 可以产生较大的升力

(B) 机身的作用是装载人员、货物、设备、燃油等物品
(C) 固定机翼、尾翼、起落架等部件使之连成一个整体
(D) 机身横截面以椭圆形为最好

187. 飞机起落装置的功用是提供飞机________之用。
(A) 起飞　(B) 着陆　(C) 地面停放　(D) 空中飞行

188. 轮式起落架刹车装置的作用是________。
(A) 满足地面运动,并有一定的减震作用
(B) 减小着陆滑跑距离
(C) 提高地面机动性
(D) 承受地面各个方向的载荷

189. 起落架减震器的作用是________。
(A) 吸收冲击能量　(B) 耗散冲击能量
(C) 减小作用在结构上的载荷　(D) 增加起落架的长度

190. 后三点式起落架的优点是________。
(A) 在大速度滑跑时,遇到前方撞击或强力刹车时,不容易发生倒立
(B) 在飞机上易于安装尾轮
(C) 具有滑跑稳定性
(D) 着陆滑跑时迎角大

191. 后三点式起落架的缺点是________。
(A) 尾轮重量较大
(B) 高速滑行时不能使用刹车制动
(C) 速度较大时着陆容易跳起,造成低空失速
(D) 滑跑过程中方向稳定性差

192. 前三点式起落架的优点是________。
(A) 前轮结构简单,尺寸、重量都较小
(B) 允许强力制动而无倒立危险
(C) 机身轴线与地面基本水平,可避免喷气发动机的燃气烧坏跑道
(D) 飞机滑跑方向稳定性好

193. 前三点式起落架的缺点是________。
(A) 前起落架承受的载荷大
(B) 起飞滑跑时机身仰起,飞行员视界不好
(C) 速度较大时着陆容易跳起,造成低空失速
(D) 前轮会产生摆振现象

194. 前三点起落架的重心在主轮之________。
(A) 前　(B) 后　(C) 上　(D) 下

195. 自行车式起落架的特点是________。
(A) 需在前轮加装转弯操纵装置
(B) 前轮离重心相对较近,承受载荷较大,起飞时不易离地
(C) 可以采用差动刹车方式转弯

(D) 起落架较易布置

196. 直升机自动倾斜器沿旋翼轴的上下移动,可实现________的功能。
(A) 同时增大或减小所有桨叶的桨距
(B) 使桨叶的桨距发生周期性变化
(C) 实现直升机的上下运动
(D) 实现直升机的左右运动

197. 直升机自动倾斜器相对于旋翼轴倾斜一定的角度,可实现________的功能。
(A) 同时增大或减小所有桨叶的桨距
(B) 使桨叶的桨距发生周期性变化
(C) 实现直升机的前后运动
(D) 实现直升机的左右运动

198. 直升机尾桨的类型包括________。
(A) 常规尾桨 (B) 涵道尾桨
(C) 带自动倾斜器的尾桨系统 (D) 无尾桨系统

199. 航天器的组成从使用功能的角度可划分为________两大系统。
(A) 专用系统 (B) 结构系统 (C) 控制系统 (D) 保障系统

200. 下列属于航天器的保障系统的是________。
(A) 电源系统 (B) 姿态控制系统
(C) 温度控制系统 (D) 试验及观测设备

201. 属于航天器的专用系统的是________。
(A) 氧气供应系统 (B) 电视摄像系统
(C) 轨道控制系统 (D) 通信转发器

202. 卫星的外壳应满足________等功能要求。
(A) 有良好的气动外形 (B) 维持外形
(C) 热控制 (D) 防辐射

203. 空间探测器的探测方式包括________。
(A) 近旁飞过 (B) 环绕探测
(C) 硬着陆探测 (D) 软着陆探测

204. 空间探测器的软着陆方式包括________。
(A) 气囊弹跳式 (B) 阻力伞式
(C) 着陆腿式 (D) 空中吊车式

205. 着陆腿式软着陆方式的主要缺点是________。
(A) 在不平星面容易发生倾覆 (B) 环境适应性受到限制
(C) 不太适宜较大型探测器 (D) 只能用于不需要返回的航天器上

206. "玉兔"号月球车由以下________部分组成。
(A) 天文月基望远镜 (B) 机械挖掘臂
(C) 测月雷达 (D) 极紫外相机

207. 载人飞船一般由________和乘员返回舱等组成。
(A) 轨道舱 (B) 服务舱 (C) 生活舱 (D) 逃逸塔

208. 载人飞船的返回舱一般由________等组成。
(A) 减震座椅 (B) 生命保障系统
(C) 推进系统 (D) 回收控制系统

209. 飞船轨道舱的特点是________。
(A) 有电源、气源等设备 (B) 有工作区和生活区
(C) 有各种实验仪器设备 (D) 一般是圆柱形或球形

210. 登月载人飞船主要由________几部分组成。
(A) 指挥舱 (B) 轨道舱 (C) 服务舱 (D) 登月舱

211. 美国航天飞机在发射的初始阶段提供动力的部件是________。
(A) 助推器 (B) 姿态控制主推力室
(C) 轨道控制主发动机 (D) 主发动机

212. 航天飞机轨道器的结构包括________等。
(A) 机身 (B) 机翼 (C) 垂直尾翼 (D) 起落架

213. 航天飞机的组成中可重复使用的部分是________。
(A) 外挂燃料箱 (B) 助推火箭
(C) 轨道器 (D) 返回舱

214. 下列关于运载火箭的说法正确的是________。
(A) 一般采用多级火箭
(B) 不能采用储存性差的推进剂作为氧化剂和燃烧剂
(C) 强调可靠性、各轨道的运载能力、通用性和经济性
(D) 轨道很远星际空间需采用多于四级的火箭

215. 串联型多级火箭的优点是________。
(A) 气动阻力小 (B) 级间连接简单
(C) 分离时干扰小,分离故障少 (D) 火箭的运输、储存方便

216. 串联型多级火箭的缺点是________。
(A) 级间分离时干扰大
(B) 弯曲刚度差
(C) 火箭的运输、储存和发射前起竖等不便
(D) 发射装置比较复杂

217. 并联型多级火箭的优点是________。
(A) 可以利用已有的单级火箭组合,研制过程加快
(B) 飞行时阻力较小
(C) 级间连接简单,分离时干扰小,分离故障少
(D) 火箭的长度短,在发射台上稳定性好

218. 并联型多级火箭的缺点是________。
(A) 飞行阻力大 (B) 弯曲刚度差
(C) 分离时干扰大 (D) 级间连接较复杂

219. 按气动外形和飞行弹道方式导弹可分为________两大类。
(A) 有翼导弹 (B) 弹道导弹 (C) 巡航导弹 (D) 潜射导弹

220. 按发射地点和目标所在地不同导弹可分为________导弹。

(A) 地对地　(B) 反坦克　(C) 反舰　(D) 空对地

221. 有翼导弹由________等几部分组成。

(A) 战斗部系统　(B) 动力系统

(C) 制导系统　(D) 起落装置

222. 导弹的战斗部系统由________组成。

(A) 弹身　(B) 战斗部　(C) 引信　(D) 保险装置

223. 有翼导弹的弹体包括________。

(A) 弹身　(B) 弹翼　(C) 操纵面　(D) 起落装置

224. 弹道导弹按射程远近可分为________。

(A) 有翼导弹　(B) 巡航导弹

(C) 战术弹道导弹　(D) 战略弹道导弹

225. 战略弹道导弹可分为________弹道导弹。

(A) 近程　(B) 中程　(C) 远程　(D) 洲际

226. 弹道导弹的控制方式有________。

(A) 控制翼面　(B) 摆动发动机

(C) 摆动喷管　(D) 固定式姿态控制发动机

2 深化部分

2.1 单项选择

1. 航空器之所以能在空中长时间飞行除必须具备升力外，还必须具备________。
   (A) 静浮力 (B) 自身重力 (C) 空气阻力 (D) 推力或拉力
2. 气球的主体是________。
   (A) 吊篮 (B) 气囊 (C) 吊舱 (D) 推进装置
3. 下列关于旋翼机的说法正确的是________。
   (A) 结构较复杂 (B) 动力装置直接提供前进动力
   (C) 需要用尾桨平衡反扭力矩 (D) 旋翼由动力装置驱动
4. 静/动升力组合式飞艇，其静升力大约占到总升力的________。
   (A) 10%～20% (B) 30%～40%
   (C) 60%～70% (D) 80%～90%
5. 飞机诞生之前，在操纵稳定方面做出了突出贡献的是________。
   (A) 美国的莱特兄弟 (B) 德国的李林达尔
   (C) 美国的兰利 (D) 英国的凯利
6. 第一次世界大战时期，机枪射击协调装置首先在________的"福克"单翼飞机上获得了使用。
   (A) 美国 (B) 英国 (C) 德国 (D) 法国
7. ________年，第一架装有涡轮喷气发动机的飞机，即________的 He-178 飞机试飞成功。
   (A) 1949；德国 (B) 1939；德国 (C) 1949；英国 (D) 1939；美国
8. 美国的 F-80 飞机是________战斗机。
   (A) 活塞式 (B) 喷气式 (C) 超声速 (D) 后掠翼
9. 下列飞机中________为反潜机。
   (A) A-50 (B) E-3 (C) F-4 (D) P-3
10. 所谓超声速巡航是指飞机具有________的能力。
    (A) 在其发动机开加力燃烧室的情况下，以 1.5 倍声速的速度连续飞行 30 min 以上
    (B) 在其发动机不开加力燃烧室的情况下，以 1.5 倍声速的速度连续飞行 30 min 以上
    (C) 在其发动机开加力燃烧室的情况下，以 1.5 倍声速的速度连续飞行 60 min 以上
    (D) 在其发动机不开加力燃烧室的情况下，以 1.5 倍声速的速度连续飞行 60 min 以上
11. 美国的 F-35 飞机的飞行速度为________。
    (A) 亚声速 (B) 马赫数小于 2 的超声速
    (C) 马赫数大于 2 的超声速 (D) 马赫数大于 3 的超声速
12. 下列________直升机属于第四代直升机。
    (A) 美国的贝尔-47 (B) 法国的"超黄蜂"

(C) 美国的“阿帕奇” (D) 北约组织的NH-90

13. 具有隐身性能的直升机为________。
(A) 美国的“黑鹰” (B) 美国的“阿帕奇”
(C) 法国的“超黄蜂” (D) 美国的“科曼奇”

14. ________年，________首先试飞了超声速旅客机图-144。
(A) 1965;美国 (B) 1968;美国
(C) 1965;苏联 (D) 1968;苏联

15. 航天器又称空间飞行器，它与自然天体不同的是________。
(A) 可以按照人的意志改变其运行
(B) 不按照天体力学规律运行
(C) 其运行轨道固定不变
(D) 基本上按照天体力学规律运行但不能改变其运行轨道

16. 在克服地球引力而进入太空的航天探索中，________科学家戈达德提出火箭飞行的飞行原理，并推导出克服地球引力所需的________。
(A) 英国;第一宇宙速度 (B) 美国;第一宇宙速度
(C) 英国;第二宇宙速度 (D) 德国;第二宇宙速度

17. 最早的________是________研制的装脉冲发动机的V-1导弹。
(A) 巡航导弹;美国 (B) 弹道导弹;美国
(C) 巡航导弹;德国 (D) 弹道导弹;德国

18. ________研制成功的V2火箭，成为世界上第一枚以火箭发动机为动力的弹道导弹。
(A) 1942年德国 (B) 1942年美国
(C) 1944年德国 (D) 1944年英国

19. 世界上起飞推力最大的火箭是________重型通用运载火箭。
(A) 美国的“大力神”号 (B) 俄罗斯的“能源”号
(C) 中国的“长征”号 (D) 欧洲空间局的“阿丽亚娜”5ECA

20. ________是世界上第一个以离子推进器为主要动力的空间探测器。
(A) “深空”1号 (B) “伽利略”号
(C) “卡西尼”号 (D) “机遇”号

21. 人造地球卫星上用于实现卫星的应用目的或完成科研任务的仪器设备称为________。
(A) 有效载荷 (B) 机载设备 (C) 平台 (D) 保障系统

22. 国际空间站是人类历史上最庞大的航天工程，共有________个国家参与研制。
(A) 11 (B) 15 (C) 16 (D) 18

23. ________航天飞机执行了最后一次航天任务后，宣布了航天飞机时代的结束。
(A) “哥伦比亚”号 (B) “亚特兰蒂斯”号
(C) “奋进”号 (D) “发现”号

24. 新中国试制成功的第一架飞机是________。
(A) 歼教1 (B) 初教5 (C) 初教6 (D) 歼5

25. 中国自行设计制造并投入成批生产和大量装备部队的第一种飞机是________。
(A) 歼教1 (B) 初教6 (C) 歼5 (D) 歼6

26. 中国第一架喷气式战斗机是________。
(A) 歼教 1　(B) 初教 5　(C) 初教 6　(D) 歼 5

27. 新中国自行设计并研制成功的第一架飞机是________。
(A) 歼教 1　(B) 初教 5　(C) 初教 6　(D) 歼 5

28. 在中国战斗机中首次采用锥形机头和从机身两侧进气方式的飞机是________。
(A) 强 5　(B) 轰 6　(C) 歼 10　(D) 飞豹

29. 中国的超 7 战斗机也称________。
(A) 歼 7　(B) "枭龙"/FC-1
(C) F-10　(D) "飞豹"

30. 枭龙/FC-1 型轻型多用途战斗机是中国自行研制、________参与开发的新型战斗机。
(A) 伊朗　(B) 巴基斯坦　(C) 土耳其　(D) 英国

31. 中国的歼轰 7 飞机也称________。
(A) 歼 7　(B) "枭龙"/FC-1
(C) 歼 8Ⅱ　(D) "飞豹"

32. 在超视距作战中，________探测装置是探测战斗机的最有效方法。
(A) 雷达　(B) 红外　(C) 声学　(D) 光学

33. 新中国制造的第一架小型运输机是________。
(A) 运 5　(B) "北京"1 号
(C) 运 11　(D) "翔凤"

34. 北京航空航天大学设计制造的"北京"1 号飞机可载客________人。
(A) 6　(B) 8　(C) 15　(D) 50

35. 2003 年 10 月 26 日，中国第一架拥有自主知识产权、适用于私人商务活动的轻型飞机________首次试飞成功，填补了中国通用航空领域 4～5 座轻小型飞机生产的空白。
(A) 运 12　(B) "小鹰"500
(C) 运 10　(D) "翔凤"

36. ARJ21-700 基本型于 2014 年取得了________颁发的型号合格证，并于 2015 年交付使用。
(A) 中国民用航空局　(B) 美国联邦航空管理局
(C) 欧洲航空安全局　(D) 美国适航局

37. ________直升机是中国第一种自行设计制造并拥有自主知识产权的直升机。
(A) 直 8　(B) 直 9　(C) 直 10　(D) 直 11

38. 中国仿制的 P2 导弹属于________。
(A) 近程地地导弹　(B) 中近程地地导弹
(C) 远程地地导弹　(D) 远程地空导弹

39. ________，中国原子弹爆炸成功。
(A) 1964 年 6 月 29 日　(B) 1964 年 10 月 16 日
(C) 1966 年 10 月 27 日　(D) 1967 年 5 月 26 日

40. ________，中国导弹核武器试验成功。
(A) 1964 年 6 月 29 日　(B) 1964 年 10 月 16 日

(C) 1966年10月27日　　(D) 1967年5月26日

41. ________,中国第一枚洲际液体地地导弹从西北某试验基地发射升空,经过30 min的飞行,准确到达南太平洋预定海域,使中国成为世界上第三个拥有洲际导弹的国家。

(A) 1980年5月18日　　(B) 1982年10月12日

(C) 1988年9月15日　　(D) 1989年5月21日

42. 1970年4月24日,中国第一枚运载火箭________携带着中国的第一颗人造地球卫星,从中国酒泉卫星发射场发射升空,10分钟后,卫星顺利进入轨道。

(A) "长征"1号　　(B) "长征"2号

(C) "长征"3号　　(D) "长征"4号

43. 中国"长征"系列运载火箭中主要用于发射低轨道小型、微型卫星的是________。

(A) "长征"1号丁　　(B) "长征"2号E

(C) "长征"2号丙　　(D) "长征"3号乙

44. 中国"长征"系列运载火箭中主要用于发射高度在500 km以下的各类近地轨道卫星和其他航天器的是________。

(A) "长征"1号系列　　(B) "长征"2号系列

(C) "长征"3号系列　　(D) "长征"4号系列

45. "神舟"系列飞船绕地球飞行一周的时间约为________分钟。

(A) 108　　(B) 120　　(C) 90　　(D) 100

46. 2008年9月25日,"神舟"7号飞船在酒泉卫星发射中心发射升空,9月27日,航天员________首次进行出舱活动,成为中国太空行走第一人。

(A) 聂海胜　　(B) 费俊龙　　(C) 景海鹏　　(D) 翟志刚

47. ________飞船将中国第一位女航天员刘洋送入太空。

(A) "神舟"7号　　(B) "神舟"8号

(C) "神舟"9号　　(D) "神舟"10号

48. 中国首颗数据中继卫星"天链"1号于________年发射成功。

(A) 2007　　(B) 2008　　(C) 2009　　(D) 2010

49. "嫦娥"1号月球探测卫星是由________运载火箭发射的。

(A) "长征"2号E　　(B) "长征"2号F

(C) "长征"3号甲　　(D) "长征"4号乙

50. ________,"嫦娥"1号月球探测卫星从西昌卫星发射中心成功发射。

(A) 2007年10月24日　　(B) 2006年10月24日

(C) 2007年9月24日　　(D) 2006年11月24日

51. 中国第一代"北斗"卫星导航系统共发射了________颗卫星。

(A) 2　　(B) 3　　(C) 4　　(D) 5

52. 下列关于大气的说法错误的是________。

(A) 大气层总质量的90%集中在离地球表面15 km高度以内

(B) 在2 000多千米高度以上,大气极其稀薄

(C) 大气层没有明显的上限,它的各种特性沿水平方向上变化很大

(D) 空气压强和密度都随高度增加而降低，而温度则随高度变化有很大差异

53. 大气层分布中高空对流层指的是________层。

(A) 平流层 (B) 中间层 (C) 热层 (D) 散逸层

54. 中间层气温随高度升高而________。

(A) 无确定规律 (B) 下降

(C) 无明显变化 (D) 升高

55. 热层气温随高度升高而________。

(A) 无确定规律 (B) 下降

(C) 无明显变化 (D) 升高

56. 大气层最外面的一层是________。

(A) 平流层 (B) 中间层 (C) 热层 (D) 散逸层

57. 在离地球表面 10 km 高度，压强约为海平面压强的________。

(A) 1/2 (B) 1/3 (C) 1/4 (D) 1/5

58. 在离地球表面 10 km 高度，空气密度相当于海平面空气密度的________。

(A) 1/2 (B) 1/3 (C) 1/4 (D) 1/5

59. 大气中受地面影响最大的一层是________。

(A) 对流层 (B) 平流层 (C) 中间层 (D) 热层

60. 中间层大气主要是沿________流动的。

(A) 铅垂方向和水平方向 (B) 铅垂方向

(C) 无特定方向 (D) 水平方向

61. 下列不属于地球空间环境的是________。

(A) 高能粒子环境 (B) 地球高层大气环境

(C) 电离层环境 (D) 磁环境

62. 以下关于行星际空间环境的说法错误的是________。

(A) 具有强度很大的来自银河系的高能带电粒子

(B) 具有极高真空度

(C) 存在着太阳连续发射的电磁辐射

(D) 存在稳定的等离子体流

63. 下列关于声速的说法错误的是________。

(A) 水中的声速大约为 1 440 m/s

(B) 介质的可压缩性越小，声速越小

(C) 声速随着温度的变化而变化

(D) 在不可压缩介质中，声速将趋于无限大

64. 关于大气黏性的说法错误的是________。

(A) 它是相邻大气层之间相互运动时产生的牵扯作用力

(B) 主要是由于气体分子作不规则运动的结果

(C) 随着流体温度的升高，气体的黏性将减小

(D) 流体的黏性和温度是有关系的

65. ________可作为空气所受压缩程度大小的指标。

(A) 雷诺数 (B) 声速
(C) 飞机飞行速度 (D) 马赫数

66. 在河道浅而窄的地方,水流得比较快,在河道宽而深的地方,水流得比较慢,这是流体________的体现。
(A) 连续性定理 (B) 相对运动原理
(C) 伯努利定理 (D) 高速气流的特点

67. 人站在两栋高楼中间要比站在平坦开阔的地方感觉风要大,这是流体________的体现。
(A) 连续性定理 (B) 相对运动原理
(C) 伯努利定理 (D) 高速气流的特点

68. 低速气流在变截面的管道中流动时,以下说法正确的是________。
(A) 横截面积的变化引起的密度变化占主导地位
(B) 流体的流速与截面面积成正比
(C) 可以认为气体是不可压缩的
(D) 在压强小的地方流速小

69. 用管道运输石油时,对石油加温可以起到减小流动损失、节省能耗的作用,这与液体的________有关。
(A) 连续性 (B) 黏性 (C) 可压缩性 (D) 压强

70. 超声速气流在变截面的管道中流动时,以下说法正确的是________。
(A) 随着管道的逐渐变粗流速逐渐减慢
(B) 随着管道的逐渐变细流速逐渐加快
(C) 由于管道后部的压力较高,使流速逐渐减慢
(D) 横截面积变化引起的密度变化占了主导地位

71. 为进一步提高飞机的升力,从结构上可以采用哪种增升措施________。
(A) 改变机翼剖面形状,减小机翼弯度
(B) 增大飞行速度
(C) 改变气流的流动状态,控制机翼上的附面层,延缓气流分离
(D) 减小附面层的气流速度和能量,延缓气流分离

72. 图17所示的增升装置为________。
(A) 简单式襟翼 (B) 开缝富勒式襟翼
(C) 双缝式襟翼 (D) 三缝襟翼

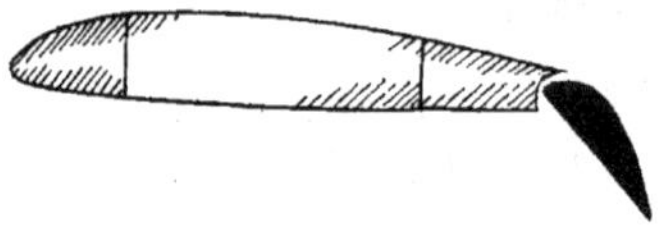

图 17

73. 图18所示的增升装置为________。
(A) 简单式襟翼 (B) 开缝富勒式襟翼
(C) 双缝式襟翼 (D) 三缝襟翼

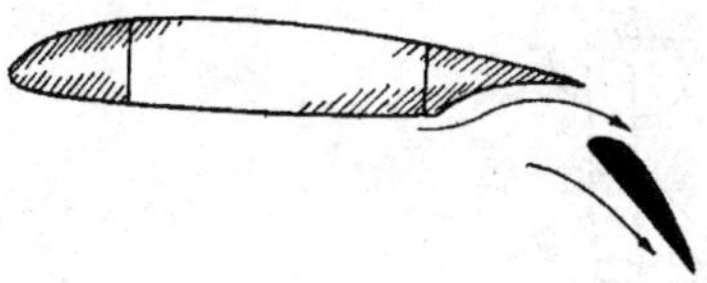

图 18

74. 图 19 所示的后缘增升装置为________。

(A) 简单式襟翼　　(B) 富勒式襟翼

(C) 双缝式襟翼　　(D) 三缝襟翼

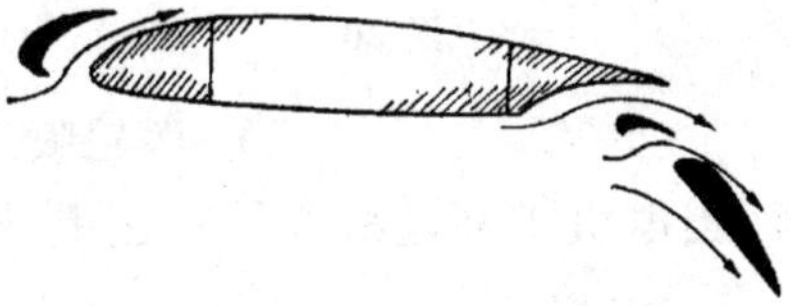

图 19

75. 飞机扰流片的作用是________。

(A) 增大升力　　(B) 减小升力　　(C) 减小阻力　　(D) 整流

76. 飞机采用跨声速面积律技术是为了减小________。

(A) 黏性摩擦阻力　　(B) 黏性压差阻力

(C) 干扰阻力　　(D) 诱导阻力

77. 下列关于高速飞行的说法正确的是________。

(A) 当飞机的飞行速度超过临界马赫数时,机翼上就会出现“局部激波”

(B) 通常机翼下表面首先产生局部激波

(C) “激波分离”现象是由于附面层内的气流由前向后快速流动造成

(D) 当速度进一步增加时,局部激波将向后缘移动,激波的强度随之减小

78. 下列关于“边条涡”的说法错误的是________。

(A) 在较小的迎角下边条前缘气流分离,产生边条涡,容易造成失速

(B) 对基本翼上翼面产生有利的气流影响

(C) 使上翼面的压力下降而升力增加

(D) 能够延缓和减轻基本翼上气流的分离

79. 下列________属于超声速飞机的翼型特点。

(A) 相对厚度小

(B) 非对称上凸下平翼型

(C) 最大厚度位置靠近翼弦四分之一弦线处

(D) 前缘曲率半径较大

80. 图 20 为直升机旋翼及其翼型,其中桨叶的桨距为图中的________。

(A) r　　(B) α　　(C) φ　　(D) ω

81. 多旋翼无人机的旋翼大多是由________来驱动的。

(A) 活塞式发动机　　(B) 电动机

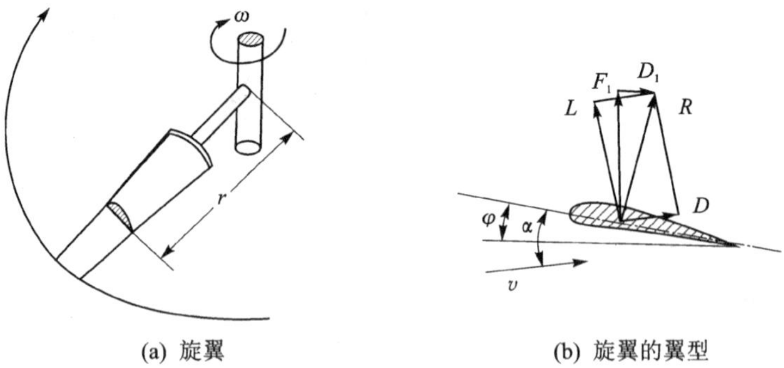

图 20

(C) 涡轮轴发动机　　　　(D) 涡轮喷气发动机

82. 图 21 所示的四旋翼无人机，当电机 1 和电机 3 的转速上升，电机 2 和电机 4 的转速下降时，判断无人机将产生________运动。

(A) 前飞　　(B) 滚转　　(C) 垂直上升　　(D) 偏航

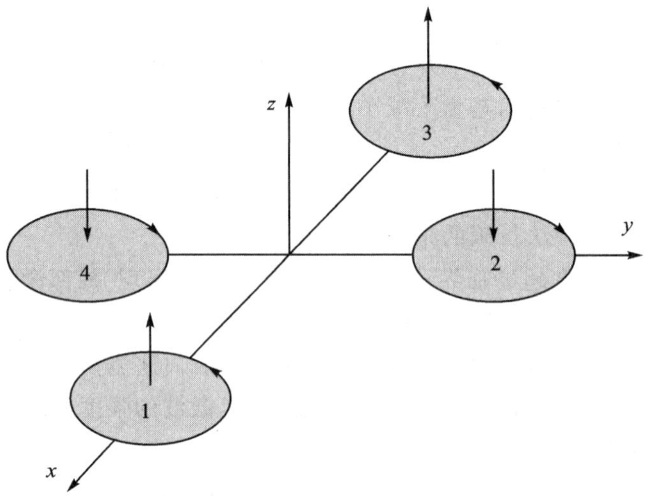

图 21

83. 图 22 所示的四旋翼无人机，当增加电机 3 的转速，减小电机 1 的转速，同时保持 2、4 两个电机转速不变，并使反扭力矩仍然保持平衡。此时，判断无人机将产生________运动。

(A) 前飞　　(B) 滚转　　(C) 垂直上升　　(D) 偏航

84. 中国的“神舟”系列飞船采用的是________再入方式。

(A) 纯弹道式　　(B) 半弹道式　　(C) 跳跃式　　(D) 滑翔式

85. 直接影响近地轨道卫星和空间站的轨道寿命的摄动力是________。

(A) 地球扁率　　(B) 大气阻力　　(C) 天体引力　　(D) 太阳辐射压力

86. 航天器在控制系统作用下可以按人们的要求使轨道发生改变，这种有目的的轨道变动，称为________。

(A) 轨道机动　　(B) 轨道改变　　(C) 轨道转移　　(D) 轨道制动

87. 当初轨道与终轨道相交(或相切)时施加一次推力冲量，使航天器由原初轨道转入终轨

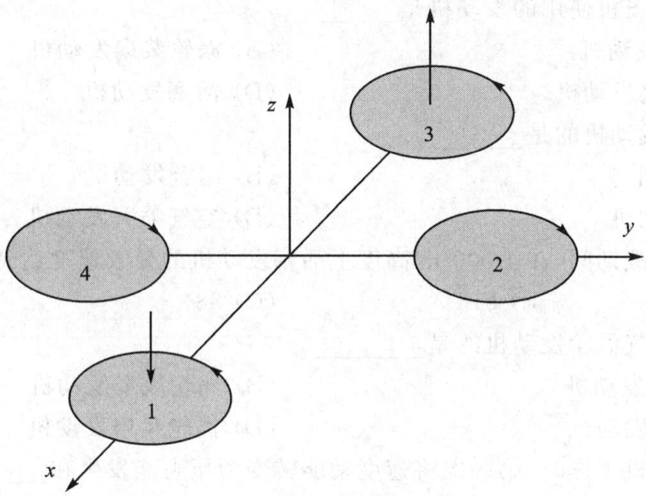

图 22

道，称为________。

(A) 轨道转移　(B) 轨道改变　(C) 轨道交会　(D) 轨道修正

88. 轨道改变在________进行是比较经济的。

(A) 近地点　(B) 初轨道与终轨道的相交点

(C) 远地点　(D) 初轨道与终轨道的相切点

89. 当初轨道与终轨道不相交或不相切时，至少要施加两次推力冲量才能使航天器由初轨道进入终轨道，这种情况称为________。

(A) 轨道改变　(B) 轨道转移　(C) 轨道交会　(D) 轨道修正

90. 地球静止卫星宜采用的发射入轨方式是________。

(A) 直接入轨　(B) 加速入轨　(C) 滑行入轨　(D) 过渡入轨

91. 两个航天器经过一连串轨道机动，使这两个航天器在同一时间，以相同的速度到达空间的同一位置，这就是________。

(A) 轨道改变　(B) 轨道转移　(C) 轨道交会　(D) 轨道修正

92. 发射低轨道航天器宜采用的发射入轨方式是________。

(A) 直接入轨　(B) 加速入轨　(C) 滑行入轨　(D) 过渡入轨

93. 发射中、高轨道航天器宜采用的发射入轨方式是________。

(A) 直接入轨　(B) 加速入轨　(C) 滑行入轨　(D) 过渡入轨

94. 环月探测器宜采用的发射入轨方式是________。

(A) 直接入轨　(B) 加速入轨　(C) 滑行入轨　(D) 过渡入轨

95. 飞机动力装置的核心是________。

(A) 推进剂　(B) 发动机　(C) 燃烧系统　(D) 固定装置

96. 四冲程的活塞发动机工作一个循环，发动机主轴转________周。

(A) 1　(B) 2　(C) 3　(D) 4

97. 活塞发动机的活塞的上下移动靠________转变成螺旋桨轴的转动。

(A) 活塞　(B) 连杆机构　(C) 气体压缩　(D) 气体膨胀

98. 不适合大、中型飞机使用的发动机是________。
(A) 涡轮风扇发动机　(B) 涡轮桨扇发动机
(C) 涡轮螺旋桨发动机　(D) 活塞发动机

99. 不属于喷气式发动机的是________。
(A) 火箭发动机　(B) 组合发动机
(C) 活塞式发动机　(D) 空气喷气发动机

100. 第二次世界大战期间,在1 000 m高度上活塞发动机的最大速度达到了________ km/h。
(A) 764　(B) 816　(C) 884　(D) 890

101. 下列不属于燃气涡轮发动机的是________。
(A) 涡轮喷气发动机　(B) 涡轮风扇发动机
(C) 冲压喷气发动机　(D) 涡轮桨扇发动机

102. 涡轮喷气发动机工作时,第一次将速度动能转变为压力能发生在________。
(A) 压气机　(B) 进气道　(C) 燃烧室　(D) 尾喷管

103. ________的进气道通常需要采用附面层吸附装置。
(A) 机头正面进气　(B) 两侧进气
(C) 短舱正面进气　(D) 前面都不是

104. $Ma<1.5$ 的气流流到亚声速进气道入口部位时,会产生一个________,使气流减速。
(A) 正激波　(B) 斜激波　(C) 弓形激波　(D) 弱扰动波

105. 离心式压气机的增压比一般为________。
(A) 小于10　(B) 10～20　(C) 20～30　(D) 大于30

106. 轴流式压气机依靠________的作用增压。
(A) 工作叶轮　(B) 静子和转子
(C) 机匣　(D) 导流器

107. ________是涡轮喷气发动机燃烧室中的部件。
(A) 整流器　(B) 增压器　(C) 扰流器　(D) 涡流器

108. 喷嘴的主要作用是________。
(A) 输送燃油　(B) 提高燃料的雾化质量
(C) 提高喷流速度　(D) 形成点火源

109. 进入燃烧室的气流分成两股的主要原因是________。
(A) 使气流流动更加通畅　(B) 与燃料混合更充分
(C) 使推力增加　(D) 冷却火焰筒

110. 涡流器的主要功用是________。
(A) 雾化燃料　(B) 使燃料与空气充分混合
(C) 稳定点火　(D) 增加压力

111. 涡轮喷气发动机中的燃气经过涡轮后________。
(A) 压力增大　(B) 温度升高　(C) 速度增大　(D) 速度降低

112. 发动机在加力状态下低空飞行时间一般不超过________。
(A) 10 min　(B) 20 min　(C) 20 s　(D) 50 s

113. 军用飞机的加力状态相当于________。

(A) 起飞状态　(B) 最大状态　(C) 慢车状态　(D) 额定状态

114. 下列不属于燃气涡轮发动机核心机组成部分的是________。

(A) 尾喷管　(B) 压气机　(C) 燃烧室　(D) 涡轮

115. 涡轮喷气发动机较适合于飞行 Ma 在________之间的飞机。

(A) 0.4～0.7　(B) 0.7～1.5　(C) 0.7～3　(D) 3～5

116. 涡轮喷气发动机在________km 的高度上可以获得最大飞行速度。

(A) 6～8　(B) 8～12　(C) 12～20　(D) 25～30

117. 涡轮喷气发动机的使用高度一般不超过________km。

(A) 15　(B) 20　(C) 30　(D) 40

118. 涡轮风扇发动机的主要结构与涡轮喷气发动机的不同之处是________。

(A) 增加了减速装置　(B) 压气机不同

(C) 燃烧室不同　(D) 有内外两个涵道

119. 涡轮风扇发动机的加力燃烧室与涡轮喷气发动机的加力燃烧室相比,其不同之处在于________。

(A) 混合气体含氧量较低　(B) 产生的推力更大

(C) 增加了旋转的部件　(D) 加力比较小

120. 下列不属于涡轮桨扇发动机的桨扇特点的是________。

(A) 无外罩壳

(B) 桨叶的剖面形状为超临界翼型

(C) 桨盘直径仅为普通螺旋桨的 40%～50%

(D) 桨扇的桨叶数目较少

121. 如图 23 冲压喷气发动机结构中,部件 2 的名称为________。

(A) 燃油喷嘴　(B) 喷管　(C) 燃烧室　(D) 进气口

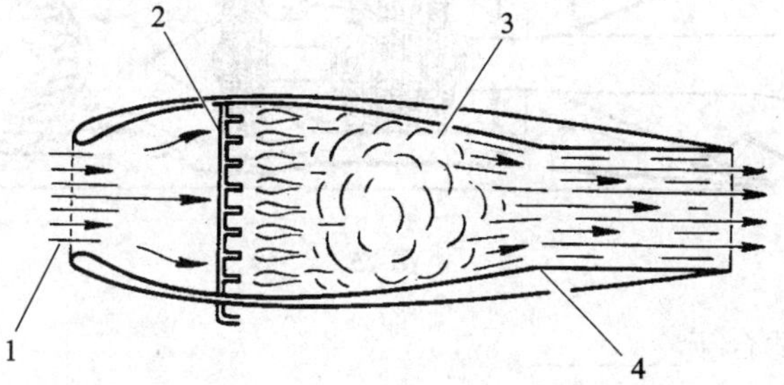

图 23

122. 如图 23 冲压喷气发动机结构中,部件 3 的名称为________。

(A) 燃油喷嘴　(B) 喷管　(C) 燃烧室　(D) 进气口

123. 按形成喷气流动能的能源的不同,火箭发动机可分为________两大类。

(A) 液体火箭发动机和固体火箭发动机

(B) 化学火箭发动机和非化学火箭发动机

(C) 电火箭发动机和核火箭发动机

(D) 固—液混合发动机和火箭冲压发动机

124. 液体火箭发动机的燃烧室温度可达________。
(A) 1 000～2 000 ℃ (B) 2 000～3 000 ℃
(C) 3 000～4 000 ℃ (D) 4 000～5 000 ℃

125. 三维药柱一般适用于________类型发动机。
(A) 小型固体火箭发动机 (B) 中型固体火箭发动机
(C) 大型固体火箭发动机 (D) 姿态控制发动机

126. 固液混合发动机多采用________。
(A) 固体的氧化剂和液体的燃烧剂 (B) 固体的燃烧剂和液体的氧化剂
(C) 胶体推进剂 (D) 复合推进剂

127. 冲压发动机常与其他发动机组合使用,图24所示为________组合发动机。
(A) 液体火箭—冲压发动机 (B) 固体火箭—冲压发动机
(C) 涡轮—冲压发动机 (D) 涡轮风扇—冲压发动机

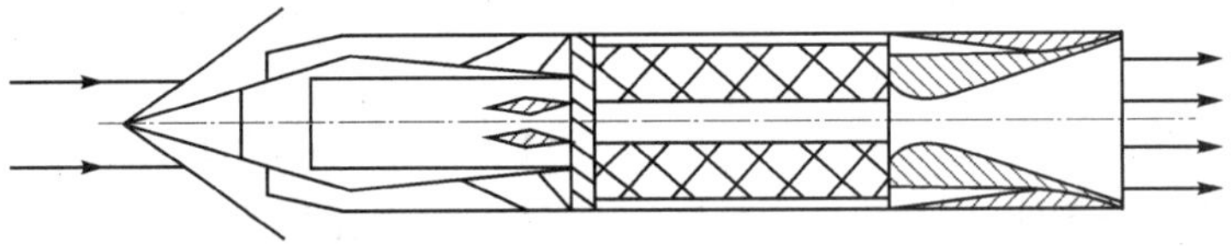

图 24

128. 冲压发动机常与其他发动机组合使用,如图25所示为________组合发动机。
(A) 液体火箭—冲压发动机 (B) 固体火箭—冲压发动机
(C) 涡轮—冲压发动机 (D) 涡轮风扇—冲压发动机

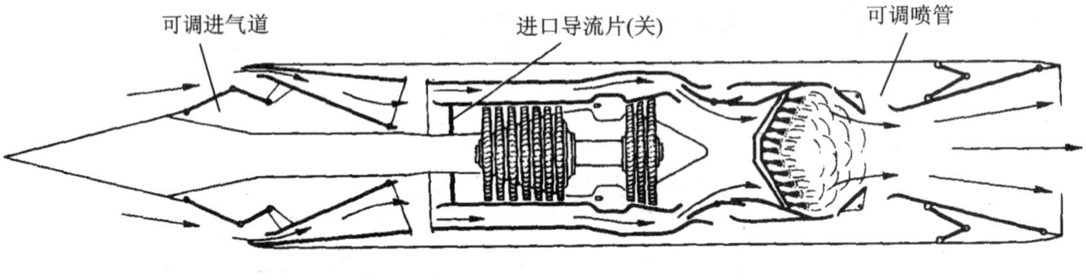

图 25

129. 核火箭发动机较适合于________。
(A) 长期工作的航天器 (B) 航天器的姿态控制
(C) 航天器的位置保持 (D) 航天器的变轨

130. 热电耦式温度传感器是利用________来测量温度。
(A) 自由端效应 (B) 热端效应
(C) 热电效应 (D) 接触点效应

131. 一般情况下,迎角传感器都安装在飞行器的________。
(A) 前端 (B) 中部 (C) 后端 (D) 前端或后端

132. 当迎角传感器采用两个互相垂直的叶片时,水平叶片和垂直叶片可分别测量________。
(A) 侧滑角和俯仰角 (B) 滚转角和俯仰角

(C) 俯仰角和侧滑角　　(D) 俯仰角和滚转角

133. 飞机在起飞着陆时需测量飞机与起降场地的________。

(A) 绝对高度　　(B) 相对高度

(C) 真实高度　　(D) 标准气压高度

134. 飞机在执行低空飞行、轰炸、照相等任务时需测量飞行的________。

(A) 绝对高度　　(B) 相对高度

(C) 真实高度　　(D) 标准气压高度

135. 描述飞机的飞行性能时需使用________。

(A) 绝对高度　　(B) 相对高度

(C) 真实高度　　(D) 标准气压高度

136. 图 26 所示的气压式高度表测量原理图中,标号 2 的名称为________。

(A) 指针　　(B) 刻度盘

(C) 放大传动机构　　(D) 压力传感器

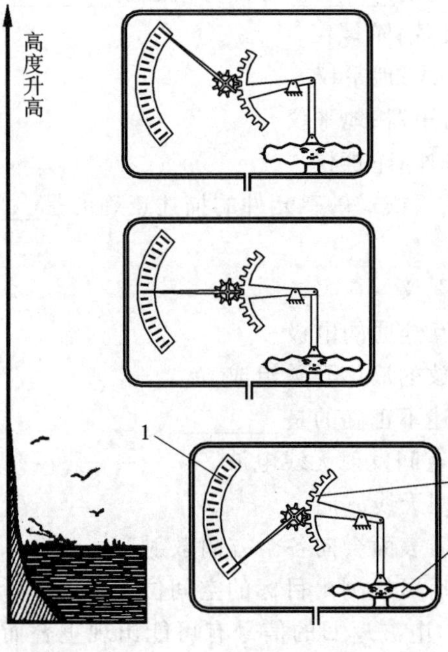

图 26

137. 图 26 所示的气压式高度表测量原理图中,标号 3 的名称为________。

(A) 指针　　(B) 刻度盘

(C) 放大传动机构　　(D) 真空膜盒

138. 气压式高度表的真空膜盒感受的是大气的________。

(A) 静压　　(B) 动压　　(C) 总压　　(D) 没有压力

139. 气压式高度表的主要的元件是________。

(A) 指针　　(B) 刻度盘

(C) 放大传动机构　　(D) 压力传感器

140. 气压式高度表中的压力传感器内部压力值为________。
(A) 零　(B) 同大气静压
(C) 标准大气压　(D) 随高度不同而变化

141. 下列飞行速度的测量方法中有积累误差的方法是________。
(A) 压力测量法　(B) 加速度积分测量法
(C) 红外测量法　(D) 雷达测量法

142. 气压式升降速度表与气压式速度表的区别是________。
(A) 升降速度表的开口膜盒内接通的是总压,而速度表的开口膜盒内接通的是静压
(B) 升降速度表的开口膜盒内接通的是静压,而速度表的开口膜盒内接通的是总压
(C) 升降速度表的开口膜盒感受的是动压,而速度表的开口膜盒感受的是静压
(D) 升降速度表包括真空膜盒,而速度表包括开口膜盒

143. 飞行器的姿态角是相对于________坐标系的。
(A) 地球　(B) 机体　(C) 气流　(D) 航迹

144. 飞行器姿态角主要是利用由________等部分组成的________测量的。
(A) 定子、内环、外环、叶片;陀螺仪
(B) 转子、内环、外环、天线;地平仪
(C) 定子、内环、外环、力矩器;地平仪
(D) 转子、内环、外环、基座;陀螺仪

145. 在陀螺地平仪中,下面关于摆式敏感元件的描述正确的是________。
(A) 提供垂直基准
(B) 它是一个气泡式水平仪
(C) 气泡两端有两个相互连通的电极
(D) 由两个互相垂直摆放的液体开关组成

146. 关于雷达基本原理的叙述不正确的是________。
(A) 通过无线电设备向空间发射无线电波
(B) 目标回波全部反射回天线方向
(C) 无线电波在不同介质表面会向各个方向散射
(D) 雷达接收目标回波后可检测出目标的空间位置

147. 当两个目标距离很近时,电波返回的信号有可能出现重叠而难以区分,这个距离称为雷达的________。
(A) 距离分辨力　(B) 角度分辨力
(C) 相位分辨力　(D) 位置分辨力

148. 下列关于相控阵雷达的说法不正确的是________。
(A) 天线是平板形的,其上分布有许多个小天线
(B) 小天线按一定规则排列,组成天线阵列
(C) 每个小天线发射的无线电波的相位相同
(D) 可以同时搜索和跟踪多个目标

149. 全向信标系统由地面全向信标台向机上接收装置发射的电波是________电波。
(A) 定幅　(B) 定向　(C) 调幅　(D) 变向

150. 测距无线电导航系统(DME)是通过测量________参数来测距的。
(A) 信号传播速度 (B) 信号往返时间
(C) 信号相位 (D) 相位差
151. 测距无线电导航系统测量的是________。
(A) 飞行器的高度 (B) 飞行器到导航台的水平距离
(C) 飞行器到地面导航台的斜距 (D) 飞行器的位置
152. 单独利用惯性导航系统不能获得________参数。
(A) 加速度 (B) 速度 (C) 航迹 (D) 航向
153. 捷联式惯性导航系统与平台式惯性导航系统的主要区别是前者没有________。
(A) 惯性测量组件 (B) 计算机
(C) 惯导平台 (D) 显示器
154. 下列关于平台式惯性导航系统的说法正确的是________。
(A) 加速度计安装在机体上
(B) 加速度计不受飞行器姿态的影响
(C) 通过计算机建立数字平台
(D) 安装有绕三轴的角速度陀螺
155. 下列关于捷联式惯性导航系统的说法正确的是________。
(A) 采用数字平台
(B) 与平台式惯性导航系统比较构造复杂,可靠度低
(C) 加速度计安装在平台上
(D) 运算量比平台式惯性导航系统小得多
156. 以下关于GPS系统的描述不正确的是________。
(A) 可全天候工作 (B) 隐蔽性较差
(C) 用户数量不受限制 (D) 用户设备只接收不发射
157. 地形匹配导航通常采用________方法测量沿航迹的高度数据。
(A) 气压测高 (B) 激光测高
(C) 直线加速度积分测高 (D) 无线电测高
158. 下列关于地形匹配导航的说法正确的是________。
(A) 采用摄像等图像成像装置录取目标附近地区地貌
(B) 适合平坦地区导航
(C) 有利于长距离单独使用
(D) 属于一维匹配导航
159. 天文导航是通过________来确定飞行器的________的一种导航技术。
(A) 观测地球;位置和航向 (B) 观测天体;位置和航向
(C) 观测地球;速度和高度 (D) 观测天体;速度和高度
160. 接收由目标发出的雷达波进行制导的方式属于________。
(A) 被动制导 (B) 半被动制导
(C) 主动制导 (D) 半主动制导
161. 由制导站发射雷达波跟踪目标和导弹,并发出指令引导导弹飞向目标的制导方式属

于________。

(A) 被动制导　　(B) 半被动制导
(C) 主动制导　　(D) 半主动制导

162. 由导弹自身发射雷达波,并接收目标的反射波来引导导弹的方式属于________。
(A) 被动制导　　(B) 半被动制导
(C) 主动制导　　(D) 半主动制导

163. 红外制导属于________方式。
(A) 被动制导　　(B) 半被动制导
(C) 主动制导　　(D) 半主动制导

164. 利用目标反射的可见光信息进行跟踪和控制导弹飞行的制导方式称为________。
(A) 雷达制导　　(B) 红外制导　　(C) 电视制导　　(D) 激光制导

165. 电视制导属于________方式。
(A) 被动寻的制导　　(B) 半被动制导
(C) 主动寻的制导　　(D) 半主动制导

166. 近距攻击的导弹主要采用________方式。
(A) 雷达制导　　(B) 惯性制导　　(C) 卫星制导　　(D) 光纤制导

167. 电传操纵系统与机械操纵系统相比,以下描述不正确的是________。
(A) 改善了操纵品质　　(B) 减轻了操纵系统的重量
(C) 故障概率低　　(D) 操纵灵敏

168. 氢气球通过控制气球的________升降。
(A) 气动舵面　　(B) 充入和放出氢气
(C) 抛掉压舱物和放出氢气　　(D) 以上方式都不能

169. 氢气球通过________进行方向控制。
(A) 气动舵面　　(B) 充入或放出氢气
(C) 压舱物的摆放　　(D) 以上方式都不能

170. 热气球通过________控制气球的升降。
(A) 气动舵面　　(B) 加热空气和放出热气
(C) 抛掉压舱物和放出热气　　(D) 以上方式都不能

171. 热气球总体的飞行方向是________。
(A) 顺风飞行　　(B) 逆风飞行
(C) 由飞行员决定　　(D) 由地形决定

172. 在金属骨架上覆盖气密型的织物构成气囊的飞艇属于________。
(A) 软式　　(B) 硬式　　(C) 半软式　　(D) 半硬式

173. 没有金属骨架,全部用织物制成气囊,并用绳索连接吊舱的飞艇属于________。
(A) 软式　　(B) 硬式　　(C) 半软式　　(D) 半硬式

174. 在气囊头部气动载荷较大部位和气囊尾部安装舵面部位采用硬式骨架,其余部分是软式气囊的飞艇属于________飞艇。
(A) 软式　　(B) 硬式　　(C) 复合式　　(D) 半硬式

175. 氦气飞艇通常采用________进行俯仰操纵。

(A) 主气囊　(B) 压舱物　(C) 氦气囊　(D) 升降舵

176. 关于飞艇副气囊的作用,以下说法不正确的是________。
(A) 可以调节气囊大小　(B) 可以调节气囊压力
(C) 可以调节飞艇浮力　(D) 可以调节飞艇姿态平衡

177. 氦气飞艇的航向操纵是利用________操纵的。
(A) 主气囊　(B) 方向舵
(C) 副气囊　(D) 自然界的风力

178. 热气飞艇的最大飞行速度约为________ km/h。
(A) 20～30　(B) 30～40　(C) 40～50　(D) 50～60

179. 由于气球要向外散热,因此热气球要维持飞行高度,必须进行________。
(A) 持续性加热　(B) 自动投放压舱物
(C) 间歇式加热　(D) 手动扩张气囊

180. 比强度是指________。
(A) 抗拉强度与密度之比　(B) 抗拉强度与重量之比
(C) 弹性模量与密度之比　(D) 弹性模量与重量之比

181. 比刚度是指________。
(A) 抗拉强度与密度之比　(B) 抗拉强度与重量之比
(C) 弹性模量与密度之比　(D) 弹性模量与重量之比

182. 机翼翼梁的上下凸缘以________形式承受弯矩。
(A) 拉力　(B) 压力　(C) 拉压　(D) 扭矩

183. 机翼桁条的作用是________。
(A) 支撑蒙皮　(B) 承受剪力
(C) 承受扭矩　(D) 承受弯矩

184. 机翼翼梁的腹板承受________。
(A) 弯矩　(B) 剪力
(C) 扭矩　(D) 弯矩和剪力

185. 为了充分利用构件,减轻结构重量,飞机起落架上的________可以合二为一。
(A) 收放机构和支柱　(B) 减震器和支柱
(C) 减震器和收放机构　(D) 减震器和刹车

186. 现代飞机常采用________。
(A) 全油液式减震器　(B) 油气式减震器
(C) 空气式减震器　(D) 弹簧减震器

187. 飞机起落架支柱的作用是________。
(A) 满足地面运动,并有一定的减震作用
(B) 用于起落架的收起和放下
(C) 吸收着陆和滑跑时的冲击能量,减小冲击载荷
(D) 承受地面各个方向的载荷并作为安装机轮的支撑部件

188. 中小型飞机起落架的数量一般为________式。
(A) 一点　(B) 两点　(C) 三点　(D) 多点

189. 图27所示飞机的起落架布置方式为________。
(A) 前三点式　　(B) 后三点式　　(C) 自行车式　　(D) 多点式

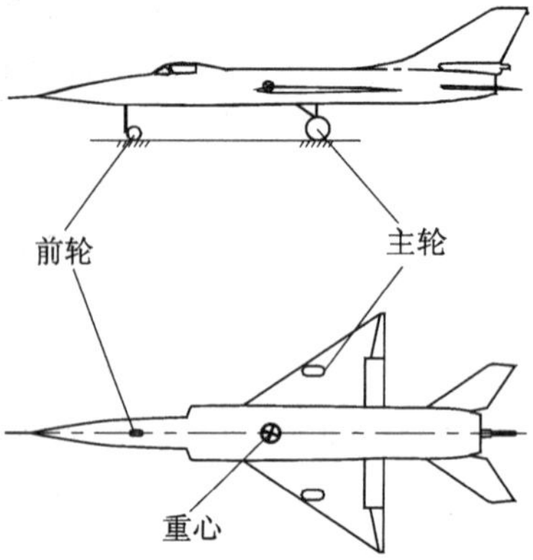

图 27

190. 图28所示飞机的起落架布置方式为________。
(A) 前三点式　　(B) 后三点式　　(C) 自行车式　　(D) 多点式

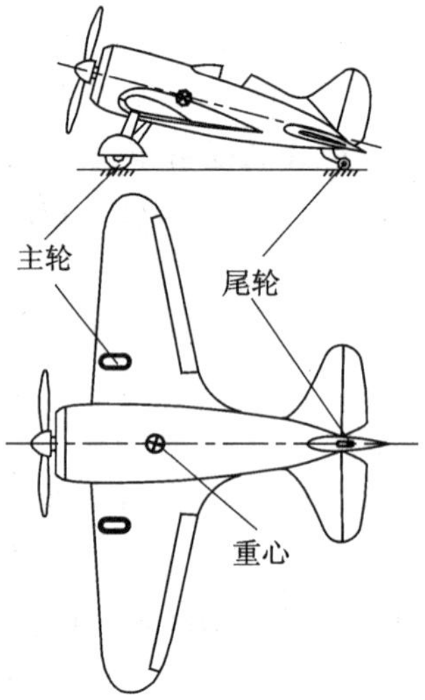

图 28

191. 图29所示飞机的起落架布置方式为________。
(A) 前三点式　　(B) 后三点式　　(C) 自行车式　　(D) 多点式

192. 根据主轮相对重心的位置不同,在飞机重心前并排安置两个主轮,在飞机尾部有一个较小的尾轮的起落架属于________。
(A) 前三点式　　(B) 后三点式　　(C) 自行车式　　(D) 多点式

193. 根据主轮相对重心的位置不同,在飞机重心后并排安置两个主轮,在飞机前部有一个前轮的起落架属于________。
(A) 前三点式　　(B) 后三点式　　(C) 自行车式　　(D) 多点式

194. 根据主轮相对重心的位置不同,两个主轮分别布置在机身下重心前后,为防止地面停放

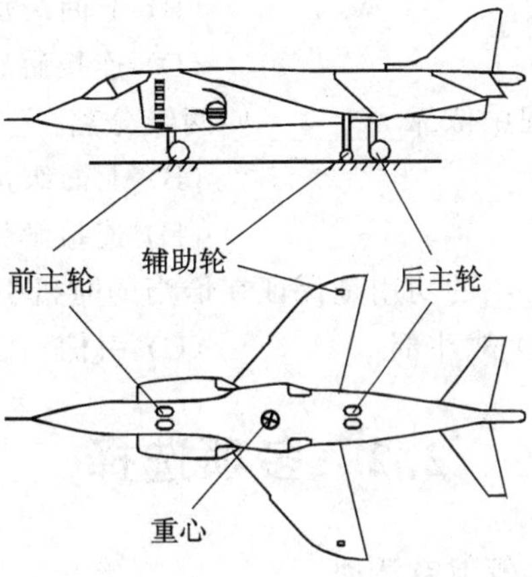

图 29

时倾倒，另有两个辅助小轮对称安装在机翼下面的起落架属于________。

（A）前三点式　（B）后三点式　（C）自行车式　（D）多点式

195. 轻型直升机一般采用________。

（A）浮筒式起落架　（B）轮式起落架

（C）滑轨弹射器　（D）滑橇式起落架

196. 航天器温度控制系统一般不采用________。

（A）热传导方式　（B）对流方式

（C）辐射方式　（D）以上 3 种方式

197. 关于飞船返回舱描述不正确的是________。

（A）一般设计成钟形外形

（B）返回舱大端和轨道舱相连

（C）返回舱的大端外形一般是外凸的椭球体

（D）返回舱内有回收控制系统

198. 运载火箭是在________的基础上发展起来的。

（A）探空火箭　（B）V－1 火箭

（C）V－2 导弹　（D）洲际弹道导弹

199. 串联型多级火箭各子级发动机的工作顺序是________进行的。

（A）同时　（B）从下到上依次

（C）从上到下依次　（D）交替

200. 并联型多级火箭各子级发动机的工作顺序是________进行的。

（A）同时　（B）从下到上依次

（C）从上到下依次　（D）交替

201. 串联式火箭在下面级发动机推力尚未消失就进行两级分离属于________。

（A）冷分离　（B）热分离　（C）快分离　（D）慢分离

202. 串联式火箭在下面级推力已基本消失的情况下进行两级分离属于________。

（A）冷分离　（B）热分离　（C）快分离　（D）慢分离

203. 串联式火箭在热分离过程中依靠________使两级分离。

(A) 专用分离装置　(B) 上面级加速,而下面级减速
(C) 分离冲量装置　(D) 连接解锁装置

204. 串联式火箭在冷分离过程中依靠________使两级分离。
(A) 气流吹离　(B) 上面级加速,而下面级减速
(C) 分离冲量装置　(D) 连接解锁装置

205. 导弹战斗部系统中________的功用是保证在恰当的时机引爆战斗部。
(A) 弹身　(B) 战斗部　(C) 引信　(D) 保险装置

2.2 多项选择

1. 军用航空主要包括________等航空活动。
(A) 作战　(B) 侦察　(C) 地质勘探　(D) 联络救生

2. 通用航空指用于________等方面的飞行活动。
(A) 小型客运　(B) 地质勘探　(C) 公务　(D) 游览观光

3. 军用飞机可分为________两大类。
(A) 作战飞机　(B) 侦察飞机　(C) 警戒飞机　(D) 作战支援飞机

4. 下列机种中,________属于作战飞机。
(A) 战斗机　(B) 电子战飞机
(C) 战斗轰炸机　(D) 预警指挥机

5. 下列机种中,________属于作战支援飞机。
(A) 战斗轰炸机　(B) 军用运输机
(C) 反潜机　(D) 空中加油机

6. 根据不同的飞行目的,民用航空分为________两大类。
(A) 商务航空　(B) 商业航空　(C) 专业航空　(D) 通用航空

7. 旋翼机和直升机的主要区别是________。
(A) 动力不同　(B) 旋翼的驱动方式不同
(C) 起飞方式不同　(D) 直升机可以悬停而旋翼机不能

8. 以下________国家已经实现了载人航天飞行。
(A) 美国　(B) 俄罗斯　(C) 日本　(D) 中国

9. 可用于军事目的的航天工程可分为________。
(A) 卫星系统　(B) 空间物理探测
(C) 反卫星系统　(D) 载人航天系统

10. 可用于民用目的的航天工程可分为________。
(A) 卫星气象观测　(B) 空间物理探测
(C) 反卫星系统　(D) 遥感考古

11. 作为中国研制的第一艘飞船,“神舟”1号考核了飞船的________和回收着陆技术。
(A) 舱段连接和分离技术　(B) 调姿和制动技术
(C) 升力控制技术　(D) 防热技术

12. F-22所用的发动机采用矩形二元喷管的作用是________。

(A) 增大失速迎角　　(B) 有助于红外隐身
(C) 可全方位控制喷流方向　　(D) 使飞机具有过失速机动能力

13. 以下关于推力矢量的描述正确的是________。
(A) 通过远离飞机重心的发动机喷管喷口的偏转改变推力的方向
(B) 通过发动机喷出的气流对飞机产生较大的操纵力矩
(C) 通过改变发动机相对于飞机机身轴线的夹角来改变推力方向
(D) 可以使飞机具有过失速机动能力

14. 外形隐身的基本原则主要有________。
(A) 主要部件的轮廓线力求互相垂直
(B) 尽量避免雷达垂直照射飞机表面
(C) 消除强散射源
(D) 消除能够成角反射器的外形布局

15. 第一次世界大战后到第二次世界大战爆发前，飞机的特点为________。
(A) 单翼布局飞机逐步取代双翼飞机
(B) 飞机起落架可以收起放
(C) 最大速度达到 700 km/h
(D) 升限可达 7 000 m

16. 能够垂直起降的飞机有________。
(A) 英国的“鹞”式战斗机　　(B) F-18 飞机
(C) 苏联的“雅克”-38　　(D) 苏-30

17. 推力矢量技术可以通过改变发动机推力的大小和方向使飞机产生________运动。
(A) 俯仰　　(B) 偏航　　(C) 滚转　　(D) 减速

18. 按中国对隐身飞机的划分方法，属于第二代和第三代的隐身飞机包括________。
(A) B-2　　(B) F-117　　(C) F-22　　(D) F-35

19. 当超声速气流流过如图 30 所示的菱形翼型时，在翼型的上下表面会产生________流动状态。
(A) 正激波　　(B) 斜激波　　(C) 膨胀波　　(D) 脱体激波

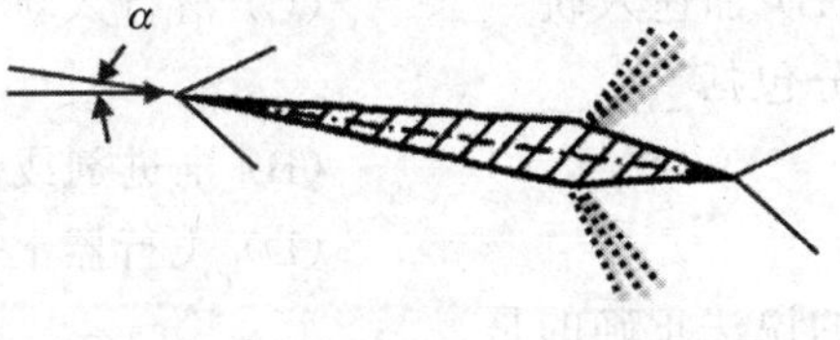

图 30

20. 超声速飞行时，防止翼尖产生失速的方法有________。
(A) 在翼尖加装翼梢小翼　　(B) 在机翼上表面加装翼刀
(C) 在机翼前缘制作锯齿或缺口　　(D) 打开扰流板

21. 三角机翼飞机适合于超声速飞行的主要原因是________。
(A) 机翼相对厚度较小
(B) 机翼后掠角大

(C) 气动焦点变化范围大,有利于机动飞行
(D) 激波阻力小

22. 飞机在超声速飞行中,波阻较小的翼型有________。
(A) 双弧形　(B) 菱形　(C) 楔形　(D) 椭圆形

23. ________为变后掠翼飞机。
(A) 俄罗斯的米格-23　(B) 欧洲的"狂风"
(C) 美国的F-14战斗机　(D) 美国的B-1轰炸机

24. 提高飞机最大飞行速度的措施有________。
(A) 减小飞机的飞行阻力　(B) 增加发动机的推力
(C) 优化飞机外形　(D) 增加载油量

25. 可以改善飞机着陆性能的措施有________。
(A) 减速伞　(B) 助推火箭　(C) 拦阻索　(D) 使用阻力板

26. 下列关于飞机起飞助推火箭的说法正确的是________。
(A) 其本身是固体火箭发动机
(B) 通常挂在机翼或机身下面
(C) 助推火箭工作时间很短,可循环利用
(D) 能产生较大的推力,大大缩短飞机起飞距离

27. 下列关于减速伞的说法正确的是________。
(A) 飞行员在飞机着陆前打开伞舱门,打开并拉出引导伞和主伞
(B) 先打开引导伞,再打开主伞
(C) 是用增大空气阻力的方法使飞机减速的
(D) 飞机停止后,抛掉减速伞

28. 在飞行过程中,使飞机自动恢复横侧向平衡状态的滚转力矩,主要由________的作用产生。
(A) 机翼上反角　(B) 水平尾翼
(C) 机翼后掠角　(D) 垂直尾翼

29. 运载火箭的发射入轨方式包括________。
(A) 直接入轨　(B) 加速入轨　(C) 滑行入轨　(D) 过渡入轨

30. 动力装置的主要组成部分包括________。
(A) 发动机　(B) 推进剂或燃料系统
(C) 导管、附件、仪表　(D) 飞行器上的固定装置

31. 下列关于活塞式发动机的说法正确的是________。
(A) 把热能转化为机械能　(B) 能直接产生使飞行器前进的推力
(C) 耗油率低　(D) 通过带动螺旋桨转动而产生推力

32. 要保证活塞式发动机正常工作需要一些必要的辅助系统,以下属于活塞式发动机辅助系统的是________。
(A) 推力调节系统　(B) 燃料系统
(C) 点火系统　(D) 冷却系统

33. 进气道形状根据不同的飞行速度可分为________和________两大类。

(A) S形进气道　　(B) 亚声速进气道
(C) 方形进气道　　(D) 超声速进气道

34. 轴流式压气机工作过程中,空气经过一级转子叶片后,________发生变化。
(A) 压力　　(B) 速度　　(C) 温度　　(D) 运动轨迹

35. 发动机开加力燃烧室后,各项参数的变化为________。
(A) 温度明显升高　　(B) 排气速度大大提高
(C) 推力明显增大　　(D) 燃油消耗率增大

36. 涵道比对涡轮风扇发动机的________有很大影响。
(A) 耗油率　　(B) 功率
(C) 功率重量比　　(D) 推重比

37. 加力式涡轮风扇发动机与涡轮喷气发动机相比,有________的突出优点。
(A) 飞行高度高　　(B) 功率大
(C) 加力比大　　(D) 经济性能好

38. 无压气机的空气喷气发动机包括________。
(A) 涡轮风扇发动机　　(B) 火箭发动机
(C) 冲压喷气发动机　　(D) 脉动喷气发动机

39. 以下针对亚声速冲压发动机的描述正确的是________。
(A) 扩散型进气道　　(B) 燃烧在亚声速气流中进行
(C) 增压比大于2　　(D) 收敛形尾喷管

40. 以下针对超声速冲压发动机的描述正确的是________。
(A) 燃料为航空煤油或烃类　　(B) 燃烧在超声速气流中进行
(C) 燃烧室入口的气流为亚声速　　(D) 收敛形或收敛扩散型尾喷管

41. 以下针对高超声速冲压发动机的描述正确的是________。
(A) 使用碳氢燃料或液氢燃料　　(B) 燃烧在超声速气流中进行
(C) 燃烧室入口的气流为亚声速　　(D) 收敛形或收敛扩散形尾喷管

42. 常用的单组元推进剂有________。
(A) 过氧化氢　　(B) 无水肼　　(C) 硝酸　　(D) 硝酸异丙酯

43. 采用挤压式输送系统的液体火箭发动机的优点是________。
(A) 结构简单　　(B) 易实现多次启动
(C) 工作时间长　　(D) 重量轻

44. 采用泵式输送系统的液体火箭发动机的优点是________。
(A) 推进剂贮箱结构质量轻　　(B) 系统结构简单
(C) 产生的推力较大　　(D) 工作时间长

45. 固体火箭发动机控制和调节推力的方法有________。
(A) 包覆层控制　　(B) 不同燃速的推进剂组合
(C) 不同药柱形状　　(D) 反复点火

46. 固体火箭发动机的胶体推进剂与复合推进剂相比,其________。
(A) 稳定燃烧的初始温度较宽　　(B) 稳定燃烧的压力范围较宽
(C) 燃烧温度较低　　(D) 比冲较小

47. 按燃烧方式的不同,可以将固体火箭的药柱形状分成________几种类型。
(A) 端面燃烧　(B) 侧面燃烧
(C) 外侧面、端面同时燃烧　(D) 端、侧面同时燃烧

48. 属于二维燃烧的固体火箭的药柱燃烧方式有________。
(A) 端面燃烧　(B) 内侧面燃烧
(C) 外侧面燃烧　(D) 端、侧面同时燃烧

49. 固体火箭发动机的药柱包覆层的主要作用是________。
(A) 阻止燃烧　(B) 维持药柱形状
(C) 控制推力大小　(D) 帮助燃烧

50. 固液混合发动机的主要优点为________。
(A) 可多次启动　(B) 比冲较高
(C) 推力控制较方便　(D) 可省掉燃料输送系统

51. 目前的非常规推进系统可分为________几大类。
(A) 电推进系统　(B) 化学能火箭推进系统
(C) 核推进系统　(D) 太阳能推进系统

52. 以下对非常规推进系统描述正确的是________。
(A) 依靠燃烧化学反应的能量而工作
(B) 不依靠燃烧化学反应的能量而工作
(C) 推进系统的工质和能源是分开的
(D) 推进系统的能源同时也是工质

53. 下列关于热电耦式温度传感器的说法正确的是________。
(A) 由两种不同导体的两端牢靠地接触在一起组成封闭回路
(B) 工作原理是热电效应
(C) 不太适合于高温测量
(D) 两端温差与产生的电动势成反比

54. 气压式高度表主要由________等元件组成。
(A) 刻度盘　(B) 开口膜盒
(C) 放大传动机构　(D) 真空膜盒

55. 下列关于气压式升降速度表的说法正确的是________。
(A) 当飞行高度变化时,膜盒内的气压变化快,而膜盒外的气压变化慢
(B) 当飞行高度变化时,膜盒内的气压变化慢,而膜盒外的气压变化快
(C) 膜盒内接的是总压,而膜盒外接的是静压
(D) 膜盒内和膜盒外接的都是静压

56. 电子综合显示器所需的原始信息来自飞行器的________等机载设备。
(A) 大气数据系统　(B) 惯性导航系统
(C) 机械式仪表　(D) 雷达

57. 下面关于平视显示系统正确的说法是________。
(A) 在空中格斗时可显示各种导航信息
(B) 主要飞行状态信息可投影到飞行员正前方的成像玻璃上

(C) 巡航飞行时可显示跟踪、瞄准等信息
(D) 主要由反射镜、聚焦透镜、成像组合玻璃等组成

58. 现代头盔显示器的主要功用有________。
(A) 跟踪和截获目标
(B) 控制武器系统进行瞄准射击
(C) 目视启动控制装置
(D) 帮助驾驶员在恶劣的气象条件下安全着陆

59. 雷达制导的方式有________。
(A) 被动制导 (B) 半被动制导 (C) 主动制导 (D) 半主动制导

60. 利用目标的红外辐射强度,把目标作为点光源处理的制导方式属于________制导。
(A) 红外非成像 (B) 红外成像 (C) 被动寻的 (D) 主动寻的

61. 将红外信号在空间上强度分布和频率分布等进行分析处理,进而识别和跟踪目标的制导方式属于________制导。
(A) 红外非成像 (B) 红外成像 (C) 被动寻的 (D) 主动寻的

62. 下列关于测距差导航系统的说法正确的是________。
(A) 无需应答 (B) 机上设备较复杂、费用较高
(C) 采用甚高频率波段 (D) 所需地面导航台相对较少

63. 载人航天测控系统的重要特点是________。
(A) 装备大口径的天线和高灵敏度的接收系统
(B) 配备航天员天地通话设备
(C) 配备图像、视频传输设备
(D) 覆盖率要求高

64. 无人机的机载数据终端主要由________等组成。
(A) 机载天线 (B) 遥控接收机
(C) 遥控发射机 (D) 终端处理机

65. 无人机数据链路的地面设备主要由________等组成。
(A) 视频接收机 (B) 遥控接收机
(C) 遥测发射机 (D) 终端处理机

66. 飞行器结构的功能包括________。
(A) 增加飞机的稳定性和操纵性
(B) 承受内部载重
(C) 装载内部人员和设备
(D) 承受动力装置和外部空气动力引起的载荷

67. 从结构形式上看,飞艇可分为________。
(A) 软式 (B) 硬式 (C) 半软式 (D) 半硬式

68. 硬式飞艇的特点有________。
(A) 外形维持好 (B) 头部承压大
(C) 气囊体积小 (D) 飞行速度较低

69. 热气飞艇与热气球的区别在于________。

(A) 气囊材料不同　　(B) 吊舱与气囊的连接不同
(C) 加热系统不同　　(D) 方向控制不同

70. 飞艇升降舵操纵的特点是________。
(A) 操纵灵敏　　(B) 操纵力矩大
(C) 较适用于大型硬式飞艇的操纵　　(D) 多用于小型飞艇

71. 下列关于桁条的说法正确的是________。
(A) 是横向受力骨架
(B) 主要用于支撑蒙皮,提高蒙皮的承载能力
(C) 顺横向布置,固定在翼肋上
(D) 用板材弯制或是用挤压型材制造

72. 夹层壁板的上下面板一般采用________。
(A) 蜂窝材料　　(B) 金属材料　　(C) 复合材料　　(D) 泡沫塑料

73. 夹层壁板内部一般采用________。
(A) 蜂窝夹层　　(B) 金属夹层
(C) 复合材料夹层　　(D) 泡沫塑料夹层

74. 典型的轮式起落架由________等部件组成。
(A) 减震器　　(B) 支柱
(C) 机轮和刹车装置　　(D) 收放机构

75. 下列关于航天器专用系统和保障系统的说法正确的是________。
(A) 专用系统用于直接执行特定的航天任务
(B) 保障系统用于保障专用系统的正常工作
(C) 保障系统随航天器的任务而异
(D) 专用系统在一般航天器上是类似的

76. 人造地球卫星的结构包括________等。
(A) 承力结构　　(B) 壳体
(C) 太阳能电池板　　(D) 操纵舵面

77. 卫星的天线结构为________。
(A) 抛物面形　　(B) 平板形　　(C) 固定式　　(D) 展开式

78. 空间站的用途主要有________等几个方面。
(A) 对地观测　　(B) 科学研究
(C) 微重力材料加工药品制造　　(D) 天文观测

79. 有翼导弹可分为________。
(A) 洲际导弹　　(B) 高机动飞行导弹
(C) 巡航导弹　　(D) 潜射导弹

80. 现代巡航导弹的特点是________。
(A) 起飞质量小
(B) 具有很高的命中精度,攻击活动目标的能力强
(C) 突防能力强,飞行速度高
(D) 能选择不同的战斗部,以攻击不同的目标

3 拓展部分

3.1 单项选择

1. ________是指在国内和国际航线上的商业性客、货(邮)运输。

(A) 军用航空　(B) 民用航空　(C) 商业航空　(D) 通用航空

2. ________是指用于公务、工业、农林牧副渔业、地质勘探、遥感遥测、公安、气象、环保、救护、通勤、体育和游览观光等方面的飞行活动。

(A) 军用航空　(B) 民用航空　(C) 商业航空　(D) 通用航空

3. 轻于空气的航空器比重于空气的航空器更早投入使用,中国早在五代时期就出现了“孔明灯”,这就是现代________的雏形。

(A) 飞机　(B) 热气球　(C) 直升机　(D) 飞艇

4. 人类关于飞行的许多探索和试验都是从________的飞行开始的。

(A) 模仿蜻蜓　(B) 模仿蜜蜂　(C) 模仿苍蝇　(D) 模仿飞鸟

5. 中国春秋时期出现的________,被看成是现代飞机的雏形。

(A) 竹蜻蜓　(B) 木鸢　(C) 孔明灯　(D) 风筝

6. 1910 年,________齐柏林公司制造的硬式飞艇开辟了世界首条空中客运定期航线。

(A) 德国　(B) 法国　(C) 美国　(D) 英国

7. ________的布莱里奥驾驶“布莱里奥”Ⅺ号单翼飞机于________年首次飞越了英吉利海峡,全程40 km,飞行时间 37 min。

(A) 法国;1909　(B) 德国;1909

(C) 法国;1911　(D) 德国;1911

8. 第一次世界大战期间,飞机开始用于军事目的。起初主要用于________;后来出于战争的需要,相继出现了用于夺取制空权的________和用于打击地面目标的________。

(A) 空战和轰炸;强击机;轰炸机和歼击机

(B) 空战和轰炸;驱逐机;轰炸机和歼击机

(C) 侦察和照相;驱逐机;轰炸机和强击机

(D) 空战;驱逐机;轰炸机和歼击机

9. 第一次世界大战以后,民用航空迅速发展,民用航空是从________开始的。

(A) 旅游观光　(B) 客运　(C) 空邮　(D) 竞技运动

10. 1919 年,________开通了世界上第一条定期客运飞机航线。

(A) 美国　(B) 英国　(C) 德国　(D) 法国

11. 在________中第一次大规模使用喷气式战斗机。

(A) 朝鲜战争　(B) 越南战争　(C) 中东战争　(D) 海湾战争

12. 1991 年的________是现代空军高技术局部战争的标志。

(A) 朝鲜战争　(B) 越南战争　(C) 中东战争　(D) 海湾战争

13. 在现代局部战争中,空中战争的雏形在________中第一次展现出来。

(A) 朝鲜战争　(B) 越南战争　(C) 中东战争　(D) 海湾战争

14. 在现代局部战争中,第一次真正意义上的空中战争是________。

(A) 海湾战争　(B) 科索沃战争

(C) 阿富汗战争　(D) 伊拉克战争

15. 在________中,无人驾驶飞机第一次向目标发射了武器,标志着无人航空作战平台的概念已经进入了实战阶段。

(A) 海湾战争　(B) 科索沃战争

(C) 阿富汗战争　(D) 伊拉克战争

16. 第一架装涡轮喷气发动机的旅客飞机"彗星"号于________年投入航线运营。

(A) 1950　(B) 1953　(C) 1951　(D) 1952

17. 隐身飞机出现于20世纪________年代。

(A) 60　(B) 70　(C) 80　(D) 90

18. ________的"国防气象卫星"是目前世界上唯一的军事气象卫星系统,从1965年1月19日发射第一颗,至今共发射了七代共40余颗。

(A) 俄罗斯　(B) 中国　(C) 美国　(D) 英国

19. 可用作空间侦察与监视平台、空间武器试验基地、未来天军作战基地的军事载人航天系统是________。

(A) 飞船　(B) 航天飞机　(C) 空天飞机　(D) 空间站

20. 1989年发射的"伽利略"号土星探测器,经过长达________年的飞行,完成太空探索使命,最后坠毁于木星。

(A) 11　(B) 12　(C) 13　(D) 14

21. 2002年1月,中国启动的研制适应中国西部高原机场起降和复杂航路营运要求的新型涡扇支线客机项目是________。

(A) 运10　(B) "小鹰"500

(C) ARJ21　(D) K-8

22. ________,国务院正式批准中国大飞机国家重大专项立项,这标志着中国大型民用客机和大型运输机进入工程研制阶段。

(A) 2002年1月26日　(B) 2007年2月26日

(C) 2007年12月20日　(D) 2008年11月28日

23. 中国自行研制的ARJ21采用的发动机属于________。

(A) 涡轮螺桨发动机　(B) 涡轮风扇发动机

(C) 涡轮轴发动机　(D) 涡轮桨扇发动机

24. 中国研制的第二代大型直升机是________。

(A) 直4　(B) 直5　(C) 直8　(D) 直9

25. 1980年,中国引进法国专利生产的直升机________,是一种代表20世纪70年代后期先进水平的新型多用途直升机。

(A) 直4　(B) 直5　(C) 直8　(D) 直9

26. 1960年11月5日，________在中国西北某试验基地试验成功，这是中国军事武器装备历史上的一个重要里程碑。
(A)“北京”1号 (B)“北京”2号
(C) T-7M导弹 (D) 仿制的P-2导弹

27. 中国完全掌握了导弹核潜艇水下发射技术的标志是________。
(A) 中国常规动力潜艇成功地从水下发射了中国第一枚固体推进剂战略导弹
(B) 中国常规动力潜艇成功地从水下发射了中国第一枚液体推进剂战略导弹
(C) 中国核动力潜艇从水下发射固体潜地导弹定型试验获得圆满成功
(D) 中国核动力潜艇从水下发射液体潜地导弹定型试验获得圆满成功

28. 为适应国际卫星发射市场的需要，中国研制了简称为“长二捆”的________运载火箭。
(A)“长征”1号丁 (B)“长征”2号E
(C)“长征”2号丙 (D)“长征”3号乙

29. 1984年4月8日，________运载火箭成功将中国“东方红”2号试验通信卫星送入预定地球同步轨道。
(A)“长征”1号 (B)“长征”2号
(C)“长征”3号 (D)“长征”4号

30. 1994年11月30日，________运载火箭把中国新一代实用通信卫星“东方红”3号发射成功。
(A)“长征”3号甲 (B)“长征”3号乙
(C)“长征”3号丙 (D)“长征”4号

31. 1999年5月10日，________运载火箭成功发射了“风云”1号气象卫星，并搭载了“实践”5号科学实验卫星。
(A)“长征”3号甲 (B)“长征”3号乙
(C)“长征”4号甲 (D)“长征”4号乙

32. “风云”1号气象卫星属于________。
(A) 近地轨道返回式遥感卫星 (B) 地球静止轨道气象卫星
(C) 太阳同步轨道气象卫星 (D) 地球同步轨道气象卫星

33. “风云”2号气象卫星属于________。
(A) 近地轨道返回式遥感卫星 (B) 地球静止轨道气象卫星
(C) 太阳同步气象卫星 (D) 地球同步轨道气象卫星

34. 2008年5月27日，________首颗气象卫星发射成功，标志着中国气象卫星研制和应用水平进入了新的发展阶段。
(A)“风云”2号 (B)“风云”3号
(C)“风云”4号 (D)“风云”5号

35. 中国和巴西联合研制的________卫星，是中国在卫星研制领域与国外首次合作的成果。
(A)“东方红”1号 (B)“风云”1号
(C)“资源”1号 (D)“实践”1号

36. ________年11月20日，“长征”2号F运载火箭成功将中国第一艘实验飞船“神舟”1号送入地球轨道。

(A) 1999　(B) 2001　(C) 2003　(D) 2004

37. 第一次把模拟假人带入太空的"神舟"飞船是________,它为载人飞行提供了可靠的参考数据。
(A) "神舟"1号　(B) "神舟"2号
(C) "神舟"3号　(D) "神舟"4号

38. ________的飞行试验彻底解决了座舱有害气体超标等问题。
(A) "神舟"1号　(B) "神舟"2号
(C) "神舟"3号　(D) "神舟"4号

39. 2005年10月,把中国"神舟"6号载人飞船成功地送上太空的火箭是________。
(A) "长征"1号　(B) "长征"2号E
(C) "长征"2号F　(D) "长征"3号乙

40. "范爱伦"辐射带存在于________。
(A) 地球空间环境的电离层　(B) 地球高层大气
(C) 地球空间环境的磁层　(D) 行星际空间

41. 在其他条件不变的情况下,速度差越大,流体间的内摩擦力________。
(A) 越小　(B) 越大
(C) 不变　(D) 越接近于零

42. 由于水的黏性,水在水槽中稳定流动时,紧靠水槽壁面处的水的流速为________。
(A) 非零常数　(B) 零
(C) 趋于无穷大　(D) 与水槽中心的流速相等

43. 流体微团的速度、密度和压力等参数不随时间变化的流体是________。
(A) 理想流体　(B) 非定常流体
(C) 不可压缩流体　(D) 定常流体

44. 流体微团的速度、密度和压力等参数随时间变化的流体称为________。
(A) 理想流体　(B) 黏性流体
(C) 可压缩流体　(D) 非定常流体

45. 在________的各个点上,它的切线方向就是该点处流体微团的流动速度方向。
(A) 流线　(B) 流面　(C) 流管　(D) 流体

46. 当气流流过平板剖面时,以下说法错误的是________。
(A) 当平板剖面与相对速度夹角为零时,阻力很小,且不会产生升力
(B) 当平板剖面与相对速度夹角为90°时,产生的空气动力全部都是阻力
(C) 当平板剖面与相对速度成一定夹角(0°~90°)时,既有升力又有阻力
(D) 当平板剖面与相对速度夹角为零时,很容易发生气流分离

47. 涡流发生器的作用是消除________。
(A) 压差阻力　(B) 干扰阻力　(C) 诱导阻力　(D) 附面层

48. 附面层中摩擦阻力较大的是________。
(A) 层流层　(B) 紊流层
(C) 附面层内层　(D) 附面层外层

49. 附面层中摩擦阻力较小的是________。

(A) 层流层　　(B) 紊流层

(C) 附面层内层　　(D) 附面层外层

50. 用前缘向下弯曲的弯板来代替平板是为了消除________。

(A) 激波阻力　　(B) 诱导阻力　　(C) 干扰阻力　　(D) 附面层分离

51. 在超声速扰动源运动过程中,扰动源的扰动区在________。

(A) "边界波"的左半平面　　(B) "边界波"的右半平面

(C) 马赫锥面内　　(D) 马赫锥面外

52. 下列关于激波的说法正确的是________。

(A) 激波始终是随着飞机的飞行以同样的速度向前运动的

(B) 激波实际上是受到强烈压缩的一层比较厚的空气

(C) 激波是由固定的空气微团组成的

(D) 气流流过斜激波后,其速度就变为亚声速

53. 飞机飘摆现象形成的原因是________。

(A) 横侧向静稳定作用不足　　(B) 横侧向静稳定作用过大

(C) 纵向静稳定作用不足　　(D) 纵向静稳定作用过大

54. 直升机受到扰动后,其纵向运动和横向运动一般表现为________。

(A) 非周期衰减运动　　(B) 非周期发散运动

(C) 周期减幅运动　　(D) 周期增幅运动

55. 地球扁率摄动是指________对卫星运动的影响。

(A) 南北两极

(B) 地球的非圆球体形状及内部密度分布

(C) 地球质量

(D) 赤道隆起

56. 以下对霍曼转移的叙述不正确的是________。

(A) 它是最省能量的轨道转移

(B) 至少要施加两次推力冲量才能实现

(C) 不需要经过过渡轨道

(D) 在两个不同高度的同心圆轨道之间进行

57. 当卫星自旋速度变慢时为了增加自旋速度,卫星上通常要安装________。

(A) 磁性线圈　　(B) 陀螺转子　　(C) 速度喷嘴　　(D) 阻尼器

58. 为校正卫星自旋轴,卫星上通常要安装________。

(A) 磁性线圈　　(B) 陀螺转子　　(C) 速度喷嘴　　(D) 阻尼器

59. 为阻止卫星自旋轴的摆动,卫星上通常要安装________。

(A) 磁性线圈　　(B) 陀螺转子　　(C) 速度喷嘴　　(D) 阻尼器

60. 中国的第1颗卫星"东方红"1号和1984年发射的试验通信卫星"东方红"2号都是________卫星。

(A) 自旋稳定　　(B) 重力梯度稳定

(C) 磁力稳定　　(D) 三轴稳定

61. 中国的"实践"1号实验卫星的姿态稳定控制方式是________。

(A) 自旋稳定　(B) 三轴姿态控制
(C) 重力梯度稳定　(D) 三轴稳定控制

62. 下列卫星中，________的姿态稳定控制方式是重力梯度稳定方式。
(A) 日本地球资源卫星　(B) 美国“探险者”29号卫星
(C) 中巴资源卫星　(D) “东方红”二号通信卫星

63. 圆轨道或偏心率较小的椭圆轨道比较适合________的姿态控制方式。
(A) 自旋稳定法　(B) 重力梯度稳定
(C) 磁力稳定　(D) 三轴稳定法

64. 中国和巴西合作的中巴资源卫星的姿态稳定控制方式是________。
(A) 自旋稳定　(B) 三轴姿态控制
(C) 重力梯度稳定　(D) 三轴稳定控制

65. 活塞式发动机的运转速度很高，气缸内每秒钟要点火燃烧________次。
(A) 几　(B) 几十　(C) 几百　(D) 几千

66. 先进的活塞式发动机的功率重量比可达________ kW/kg 左右。
(A) 1.0～1.2　(B) 1.45～1.65
(C) 1.85～1.95　(D) 2.75～2.85

67. 先进活塞发动机的耗油率在________ kg/(kW·h) 左右。
(A) 0.46～0.48　(B) 0.36～0.38
(C) 0.26～0.28　(D) 0.16～0.18

68. 1937年4月，英国的弗·惠特尔首先制成的第一台航空燃气涡轮发动机是________。
(A) 涡轮喷气发动机　(B) 涡轮风扇发动机
(C) 涡轮螺桨发动机　(D) 涡轮桨扇发动机

69. 涡轮喷气发动机的耗油率的单位是________。
(A) kg/s　(B) kg/(N·h)
(C) kg/(kw·h)　(D) ml/h

70. 现代涡轮喷气发动机的推力可达________ N。
(A) 几千　(B) 几万　(C) 几十万　(D) 几百万

71. 对于进入发动机燃烧室的空气以下说法正确的是________。
(A) 大多数气流流到火焰筒的后段时又从火焰筒上的孔洞进入火焰筒内
(B) 高压空气燃烧后分为两股
(C) 大部分气流与燃料混合进行燃烧
(D) 少部分气流用来冷却火焰筒

72. 单管燃烧室的主要特点是________。
(A) 每一个火焰筒外面都有单独的壳体外套
(B) 燃烧后的高温燃气通过联焰管与涡轮导向器联通
(C) 各火焰筒均安装在燃烧室内壁和外套之间的同一环腔内
(D) 在燃烧室内壁和外套之间的环形腔内布置了一个共同的环形火焰筒

73. 联管燃烧室的主要特点是________。
(A) 每一个火焰筒外面都有单独的壳体外套

(B) 燃烧后的高温燃气通过联焰管与涡轮导向器联通
(C) 各火焰筒均安装在燃烧室内壁和外套之间的同一环腔内
(D) 在燃烧室内壁和外套之间的环形腔内布置了一个共同的环形火焰筒

74. 环形燃烧室的主要特点是________。
(A) 每一个火焰筒外面都有单独的壳体外套
(B) 燃烧后的高温燃气通过联焰管与涡轮导向器联通
(C) 各火焰筒均安装在燃烧室内壁和外套之间的同一环腔内
(D) 在燃烧室内壁和外套之间的环形腔内布置了一个共同的环形火焰筒

75. 英国罗尔斯·罗伊斯公司研制的“飞马”发动机属于________发动机。
(A) 涡轮桨扇　(B) 垂直起落　(C) 涡轮轴　(D) 涡轮螺桨

76. 美国“水星”号载人飞船采用的是________火箭推进系统。
(A) 液体单组元　(B) 液体双组元
(C) 液体三组元　(D) 固体

77. 关于导体电阻与温度的变化关系说法正确的是________。
(A) 金属导体的电阻随温度升高而减小
(B) 金属导体的电阻随温度升高而增大
(C) 金属导体的电阻与温度变化无关
(D) 金属导体的电阻不随温度变化而变化

78. 下列________参数与物体温度无确定的函数关系。
(A) 弹性模量　(B) 湿度　(C) 体积　(D) 磁导率

79. 热电偶方式适合于测量________温度。
(A) 喷气发动机进气温度　(B) 活塞发动机汽缸头温度
(C) 座舱温度　(D) 大气温度

80. 力的测量可以通过测量________间接得到。
(A) 刚性物体的位移　(B) 作用在物体上的压强
(C) 弹性物体的变形　(D) 物体的运动速度

81. 飞行器的压力传感器测量的压力实际上是________。
(A) 飞行器所受的压强　(B) 飞行器所受的压力
(C) 硅膜片受到的压力　(D) 流体介质的压强

82. 下列选项中,________特别适合于发动机主轴等高速运转部件的非接触式测量。
(A) 声敏电阻脉冲传感器　(B) 热敏电阻传感器
(C) 磁敏电阻脉冲传感器　(D) 光敏电阻脉冲传感器

83. 具有平衡回路的液浮摆式加速度计是通过________得到加速度值的。
(A) 直接测量加速度
(B) 测量力矩器的电压或电流并换算
(C) 测量力矩器的恢复力并换算
(D) 测量转轴的转角并换算

84. 气压式高度表的测量精度与________因素无关。
(A) 天气变化　(B) 机械传动间隙

(C) 膜盒弹性　　(D) 标准气压与高度的关系

85. 调频式无线电高度表的测量值与________有关。

(A) 气压变化　　(B) 接收频率与发射频率的频率差

(C) 温度变化　　(D) 脉冲宽度

86. 下列关于调频式无线电高度表说法正确的是________。

(A) 调频式高度表发射的是连续的变幅无线电波

(B) 无线电高度表测量的是绝对高度

(C) 调频式无线电高度表比脉冲式测量精度低

(D) 无线电波走过的路线是飞行器—地面—飞行器

87. 头盔显示系统的信息通过________投影到目镜的组合玻璃上,以图形、字符等方式使飞行员在观察外界的同时能看到这些信息。

(A) 前目镜　　(B) 成像系统　　(C) 电子组件　　(D) 瞄准器

88. 头盔显示系统中,能够通过一定的检测方法检测头盔运动的部分是________。

(A) 目镜　　(B) 成像系统

(C) 电子组件　　(D) 头盔定位系统

89. 头盔显示系统中,驱动跟随头盔一起转动的武器和设备的部分是________。

(A) 瞄准器　　(B) 成像系统

(C) 电子组件　　(D) 头盔定位系统

90. 雷达是无线电________的简称。

(A) 通信与测距　　(B) 探测与测距

(C) 通信与定位　　(D) 探测与导航

91. 距离分辨力的大小在简单脉冲雷达中取决于________。

(A) 气候条件　　(B) 雷达发射波束的尖锐程度

(C) 脉冲宽度　　(D) 两个目标的距离

92. 雷达在一定距离内分辨物体大小的能力称为雷达的________。

(A) 距离分辨力　　(B) 角度分辨力

(C) 相位分辨力　　(D) 位置分辨力

93. 雷达角度分辨力主要由________决定。

(A) 天线直径　　(B) 波长

(C) 脉冲宽度　　(D) 天线直径与波长的比值

94. ________可以提高雷达距离分辨力。

(A) 减小脉冲宽度　　(B) 增大脉冲宽度

(C) 增大发射信号的频率　　(D) 减少发射信号的频谱宽度

95. ________可以提高雷达角度分辨力。

(A) 减小天线口径　　(B) 加大天线口径

(C) 增大波长　　(D) 提高波长与天线口径的比值

96. 近地警告系统工作的实时数据来源于________。

(A) 地面导航台的数据　　(B) 系统自身获取的数据

(C) 其他系统测得的实际飞行状态数据　　(D) 事先存储的数据

97. 以下关于近地警告系统的描述不正确的是________。
(A) 用于起飞阶段
(B) 用于进近着陆阶段
(C) 具有风切变警告的能力
(D) 飞机飞向垂直陡峭的地形时发出警告

98. 自动测向器(ADF) 工作的无线电频率属于________。
(A) 短波　(B) 中波　(C) 中长波段　(D) 长波

99. 全向信标系统(VOR)由地面导航台向飞行器提供以导航台所在点________为基准的飞行器方位信息,以确定飞行器相对于导航台的方位。
(A) 北向子午线　(B) 东向子午线
(C) 南向子午线　(D) 西向子午线

100. 称为“塔康”的战术空中导航系统可以同时完成对________两种导航参数的测量。
(A) 测速和测向　(B) 测距和测向
(C) 测速和测高　(D) 测速和测距

101. 利用测距差无线电导航系统确定飞机方位至少要有________个导航台。
(A) 1　(B) 2　(C) 3　(D) 4

102. 目前唯一能为水下 20～30 m 处的潜艇导航的技术是________。
(A) 测向无线电导航　(B) 测距无线电导航
(C) 测距差无线电导航　(D) 测速无线电导航

103. 测定连续正弦波相位差的测距差导航系统是________。
(A) 罗兰 A 系统　(B) 欧米茄系统
(C) 罗兰 C 系统　(D) 罗兰 D 系统

104. 地形匹配导航的辅助导航系统中,提供地理位置信息的硬件设备是________。
(A) 惯性导航系统　(B) 无线电高度表
(C) 气压式高度表或大气数据系统　(D) 雷达高度表

105. 地形匹配导航的辅助导航系统中,提供真实高度的硬件设备是________。
(A) 惯性导航系统　(B) 无线电高度表
(C) 气压式高度表或大气数据系统　(D) 导航计算机和大容量存储器

106. 地形匹配导航的辅助导航系统中,提供绝对高度的硬件设备是________。
(A) 惯性导航系统　(B) 无线电高度表
(C) 气压式高度表或大气数据系统　(D) 导航计算机和大容量存储器

107. 图 31 所示网格中的数字表示________。
(A) 地形的 x 坐标　(B) 地形的 y 坐标
(C) 地面高度的平均值　(D) 飞行器位置距出发点的距离

108. 美国“战斧”巡航导弹进入末制导阶段后采用________,使导弹命中精度提高。
(A) 景象匹配技术　(B) 地形匹配技术
(C) 惯性导航技术　(D) 无线电导航技术

109. 根据天文测向的原理,飞行器的真实航向角是________得到的。
(A) 天体航向角减去天体方位角　(B) 天体方位角减去天体航向角

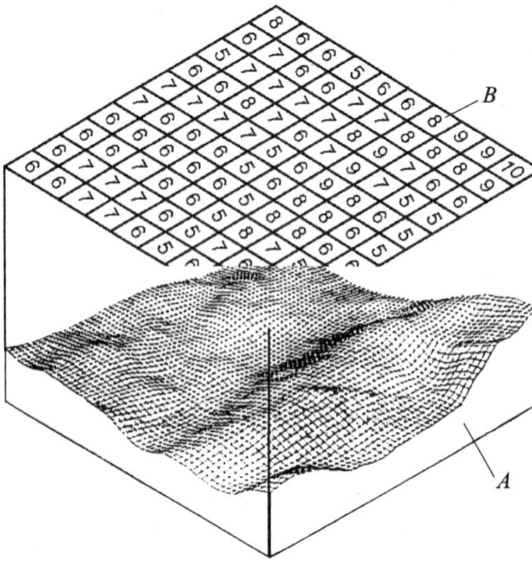

图 31

(C) 天体方位角加上天体航向角　　(D) 天体方位角通过复杂的几何计算

110. 微波着陆系统(MLS)可引导飞机在________类气象条件下着陆。

(A) Ⅰ　　(B) Ⅱ　　(C) Ⅲ　　(D) Ⅳ

111. Ⅰ类着陆条件的决断高度为________ m。

(A) >15　　(B) >30　　(C) >50　　(D) >60

112. Ⅱ类着陆条件的决断高度为________ m。

(A) 15～30　　(B) 30～60　　(C) 50～60　　(D) 60～80

113. 氢气球的球面材料通常采用________。

(A) 玻璃纤维增强塑料　　(B) 塑料薄膜

(C) 高强度尼龙绸经涂敷气密涂料　　(D) 凯芙拉-49纤维

114. 氢气球中切割器的作用是________。

(A) 任务完成后,回收实验探测设备和试验仪器

(B) 进行气球的方向控制

(C) 任务完成后,将气球与吊篮的连接缆绳切断

(D) 升降控制时,切断压舱物与气球的连接

115. 热气球的气囊材料通常采用________。

(A) 玻璃纤维增强塑料　　(B) 塑料薄膜

(C) 高强度尼龙绸经涂敷气密涂料　　(D) 凯芙拉49纤维

116. 通常情况下,________飞艇有非常大的载重量,可以用来吊装重物,其起吊重量可达上百吨。

(A) 纯浮力式　　(B) 硬式

(C) 浮力和气动升力混合式　　(D) 浮力和旋翼混合式

117. 通常情况下,________飞艇可以允许载荷有较大的变化。

(A) 纯浮力式　　(B) 硬式

(C) 浮力和气动升力混合式　　(D) 浮力和旋翼混合式

118. 英国的"巨型起重机"属于________飞艇。

(A) 软式　(B) 硬式　(C) 半软式　(D) 半硬式

119. 热气飞艇的气囊材料通常采用________。

(A) 玻璃纤维增强塑料　　(B) 塑料薄膜

(C) 高强度尼龙绸经涂敷气密涂料　　(D) 凯芙拉-49 纤维

120. 热气飞艇属于________飞艇。

(A) 软式　　(B) 硬式

(C) 半硬式　　(D) 有的属于软式,有的属于硬式

121. 热气飞艇通过________控制飞艇升降。

(A) 气动舵面　　(B) 热空气的加热程度

(C) 抛掉压舱物和放出热气　　(D) 以上方式都不能

122. 软式飞艇在气囊头部装有锥形支撑件,其作用是________。

(A) 提高气囊强度　　(B) 便于安装其他设备

(C) 俯仰控制　　(D) 提高气囊抗风能力

123. 颤振现象的产生原因是________。

(A) 强度不足　　(B) 重量过大

(C) 飞行速度过高　　(D) 刚度不足

124. 20 世纪 40 年代中期以前,________起落架在装有活塞发动机的飞机上曾得到广泛应用。

(A) 前三点式　(B) 后三点式　(C) 自行车式　(D) 多点式

125. 20 世纪 40 年代后期,________起落架在飞机上得到广泛应用。

(A) 前三点式　(B) 后三点式　(C) 自行车式　(D) 多点式

126. 前三点式起落架具有方向稳定性的原因是________。

(A) 前轮可以自由转向　　(B) 主轮摩擦力提供恢复力矩

(C) 主轮可以刹车控制方向　　(D) 前轮不可以自由转向

127. 多数直升机采用________。

(A) 浮筒式起落架　　(B) 轮式起落架

(C) 滑轨弹射器　　(D) 滑橇式起落架

128. 人造地球卫星多采用________电源系统。

(A) 太阳能电池阵　　(B) 空间核能

(C) 蓄电池和太阳能电池阵组合　　(D) 氢氧燃料电池和太阳能电池阵组合

129. 载人航天器多采用________电源系统。

(A) 太阳能电池阵　　(B) 空间核能

(C) 蓄电池和太阳能电池阵组合　　(D) 氢氧燃料电池和太阳能电池阵组合

130. 卫星的天线通常是由________材料制成。

(A) 钛合金　　(B) 玻璃纤维增强塑料

(C) 陶瓷基复合材料　　(D) 石墨纤维复合材料

131. 中国的"实践"1 号实验卫星的形状是________。

(A) 锥形　(B) 圆柱形　(C) 球形　(D) 椭球形

132. 美国航天飞机的轨道器可以在太空飞行________。

(A) 10 天左右　(B) 15 天左右　(C) 20 天左右　(D) 30 天左右

133. 射程小于 1 000 km 的弹道导弹为________。

(A) 近程战略导弹　(B) 洲际弹道导弹

(C) 战术弹道导弹　(D) 战略弹道导弹

134. 划分战术弹道导弹和战略弹道导弹的射程为________ km。

(A) 500　(B) 1 000　(C) 1 500　(D) 2 000

135. 运载火箭一般将储箱底作成外凸形状，是为了________。

(A) 提高储箱承受内压的能力　(B) 提高储箱承受轴向载荷的能力

(C) 提高储箱承受弯矩的能力　(D) 提高储箱承受扭矩的能力

136. 关于雷诺数的说法正确的是________。

(A) 雷诺数与摩擦阻力在总阻力中所占的比例大小成正比

(B) 雷诺数与飞机的飞行速度成反比

(C) 雷诺数与空气的黏性系数成正比

(D) 雷诺数与飞机的飞行速度成正比

137. 流动雷诺数越小，空气黏性的作用________。

(A) 越小　(B) 越大　(C) 不变　(D) 二者无关

138. 与紊流相比，层流的流动雷诺数________。

(A) 较大　(B) 较小　(C) 相同　(D) 不一定

139. 理想流体的流动雷诺数________。

(A) 趋于零　(B) 是常数

(C) 趋于无限大　(D) 很小

140. 机场主跑道通常沿机场所在地区的________修建。

(A) 地势较高位置　(B) 常年风向

(C) 地势平坦位置　(D) 风速较小的位置

141. 机场跑道长度大多在________范围。

(A) 1 000～3 000 m　(B) 1 000～4 000 m

(C) 1 000～5 000 m　(D) 1 500～7 000 m

142. 机场跑道宽度大多在________范围。

(A) 30～50 m　(B) 30～60 m

(C) 40～80 m　(D) 45～100 m

143. 美国最大的航天器发射基地是________。

(A) 范登堡空军基地　(B) 肯尼迪航天中心

(C) 拜科努尔航天发射场　(D) 库鲁航天中心

144. 中国“风云”系列太阳同步轨道气象卫星的发射场是________。

(A) 太原卫星发射中心　(B) 西昌卫星发射中心

(C) 文昌卫星发射中心　(D) 酒泉卫星发射中心

145. 属于海基战略弹道导弹发射方式的是________。

(A) 地下井发射　(B) 公路机动发射

(C) 潜艇水下发射 (D) 铁路机动发射

3.2 多项选择

1. 下列属于通用飞机的是________。
   (A) 公务机 (B) 国内、国际干线客机
   (C) 国内、国际干线客机货机 (D) 私人飞机
2. 下列关于气球的说法正确的是________。
   (A) 气球是靠热空气升空的
   (B) 氢气球主要作为高空探测使用,不可载人
   (C) 可通过气动舵面进行方向控制
   (D) 多数热气球可载人
3. 下列可作为体育运动项目的飞行器有________。
   (A) 热气球 (B) 氢气球 (C) 热气飞艇 (D) 氦气飞艇
4. 反卫星系统包括________。
   (A) 反卫星卫星 (B) 定向能武器
   (C) 动能武器 (D) 侦察(间谍)卫星
5. 军用空间站可用作________等。
   (A) 空间侦察与监视平台 (B) 空间武器试验基地
   (C) 天基国家指挥所 (D) 未来天军作战基地
6. 国家现代防务系统的神经中枢是由________等组成的。
   (A) 侦察卫星 (B) 军用通信卫星
   (C) 军用气象卫星 (D) 空中预警和指挥飞机
7. 下列属于载人航天系统地面基础设施的是________。
   (A) 发射中心 (B) 指挥控制中心
   (C) 轨道基础设施 (D) 航天员选拔训练中心
8. 地球同步轨道通信卫星将以________作为主要发展方向。
   (A) 大功率 (B) 长寿命 (C) 低频段 (D) 高频段
9. 中国的直升机工业从20世纪50年代后期起步,经历了________等阶段。
   (A) 引进国外技术 (B) 参照设计
   (C) 自行研制 (D) 进行国际合作
10. 中国"长征"系列运载火箭中属于捆绑串联式多级火箭的是________。
    (A)"长征"2号E (B)"长征"2号F
    (C)"长征"2号丙 (D)"长征"3号乙
11. 中国"长征"系列运载火箭中属于串联式多级火箭的是________。
    (A)"长征"2号F (B)"长征"3号甲
    (C)"长征"3号乙 (D)"长征"4号甲
12. 在长征系列运载火箭中,________为混合式多级火箭。
    (A)"长征"2号丙 (B)"长征"2号E

(C)“长征”2号F　　(D)“长征”3号乙

13. 1999年“长征”四号乙运载火箭成功地进行了一箭两星的发射,两颗卫星分别是________。

(A)“东方红”4号　　(B)“风云”1号

(C)“风云”2号　　(D)“实践”5号

14. 以下说法不正确的有________。

(A) 固定翼航空器是通过其螺旋桨的旋转来提供升力的

(B) 飞机和滑翔机的主要区别在于他们的机翼安装形式不同

(C) 直升机和旋翼机都是通过其动力装置直接驱动旋翼旋转产生升力的航空器

(D) 目前的航天飞机是可以像飞机一样水平着陆的飞行器

15. 20世纪七八十年代,除美国外,________等国家也曾经开展了航天飞机研制计划,但最终只有美国的航天飞机投入了使用。

(A) 法国　　(B) 苏联　　(C) 中国　　(D) 日本

16. 空对空导弹属于________导弹。

(A) 战术　　(B) 弹道　　(C) 战略　　(D) 高机动性

17. 关于热层的说法正确的是________。

(A) 空气密度极小　　(B) 空气直接受到太阳短波辐射

(C) 空气处于高度电离状态　　(D) 温度随高度增高而下降

18. 低速气流绕翼型的流动区域包括________。

(A) 远前方气流流动区　　(B) 附面层流动区

(C) 主流区　　(D) 尾迹区

19. 低速气流绕翼型流动时,流体的黏性力起很大作用的区域为________。

(A) 远前方气流流动区　　(B) 主流区

(C) 附面层流动区　　(D) 尾迹区

20. 附面层分离的前提条件是________。

(A) 流体有黏性　　(B) 存在激波

(C) 存在逆压梯度　　(D) 速度达到一定值

21. 关于弱扰动波,以下描述正确的是________。

(A) 扰动源以亚声速运动时,整个空间都会成为被扰动区

(B) 扰动源以超声速运动时,被扰动的范围只限于马赫锥内

(C) 扰动源以超声速运动时,运动速度越大,扰动范围越大

(D) 扰动源以超声速运动时,运动速度越大,扰动范围越小

22. 一般情况下,直升机受到扰动后可能会出现的运动状态有________。

(A) 非周期衰减运动　　(B) 非周期发散运动

(C) 周期等幅运动　　(D) 周期增幅或减幅运动

23. 描述航天器开普勒轨道的要素包括________。

(A) 升交点赤经　　(B) 近地点幅角

(C) 轨道偏心率　　(D) 过远地点时刻

24. 航天器轨道摄动的形态包括________。

(A) 长期摄动　　(B) 周期摄动　　(C) 短期摄动　　(D) 非周期摄动

25. 太阳和月球摄动对航天器运行轨道影响的大小主要取决于________。
(A) 航天器轨道的形状
(B) 轨道平面的位置
(C) 轨道长半轴相对于地球月球(太阳)连线的位置
(D) 轨道长半轴相对于月球太阳连线的位置

26. 下列关于中国的"东方红"2 号通信卫星说法正确的是________。
(A) 它是圆柱形结构　(B) 它是椭圆形结构
(C) 本体直径大于高度　(D) 它是双自旋稳定结构

27. 关于卫星的双自旋稳定的说法正确的是________。
(A) 由共轴的转子和平台组成
(B) 转子高速旋转,起稳定作用
(C) 平台固定不动
(D) 天线和遥感设备等有效载荷安装在转子上

28. 采用三轴稳定控制的卫星的姿态控制系统由________组成。
(A) 姿态敏感器　(B) 姿态控制器
(C) 姿态保持器　(D) 姿态控制发动机

29. 飞艇的推进装置一般由________构成。
(A) 发动机　(B) 气囊　(C) 减速器　(D) 螺旋桨

30. $Ma>1.5$ 的飞机可采用________进气道。
(A) 扩散型　(B) 二波系　(C) 三波系　(D) 多波系

31. 机载设备相当于飞行器的________。
(A) 心脏　(B) 大脑　(C) 神经系统　(D) 指挥系统

32. 飞行器采用特性参数方法测量压力时,可采用________作为敏感元件。
(A) 弹性元件　(B) 单晶硅膜片
(C) 振动膜片　(D) 振动筒

33. 下列关于压阻式压力传感器的说法正确的是________。
(A) 通过检测应变电阻的阻值获得压力数值
(B) 用合金膜片作为敏感元件
(C) 压力变化时,应变电阻的阻值发生变化
(D) 不易受温度的影响,测量稳定

34. 下列关于谐振式压力传感器的说法正确的是________。
(A) 用合金膜片作为敏感元件
(B) 通过检测敏感元件的固有频率获得压力数值
(C) 抗干扰能力强,测量精度高
(D) 易受温度的影响,需要采取温度补偿措施

35. 飞行器测量压力的最常用的方法有________。
(A) 惯性测量　(B) 变形测量
(C) 特性参数测量　(D) 温度测量

36. 下列关于热电阻和热敏电阻的说法正确的是________。

(A) 热电阻随温度升高而增大,热敏电阻随温度升高而减小
(B) 热电阻是金属导体,而热敏电阻为半导体
(C) 热敏电阻比热电阻对温度的变化更为敏感
(D) 都与温度有确定的函数关系

37. 下列关于无线电高度表的说法正确的是________。
(A) 无线电波走过的路线是飞行器—地面—飞行器
(B) 无线电高度表测量的是真实高度
(C) 调频式无线电高度表比脉冲式测量精度低
(D) 调频式高度表通过发射连续的变幅、等频率的无线电波测高

38. 用雷达测量法测量飞行速度具有________等特点。
(A) 精度高　(B) 有积累误差
(C) 不受气候条件的影响　(D) 可用于相对距离较远的航天器

39. 头盔显示系统主要由________以及输入、输出接口等组成。
(A) 目镜　(B) 成像系统
(C) 透镜组　(D) 头盔定位系统

40. 目前比较成熟、使用比较普遍的头盔定位方法有________。
(A) 机电法　(B) 光电法　(C) 电磁场法　(D) 声学法

41. 头盔显示器与其他显示系统相比突出的优点是________。
(A) 成本显著降低　(B) 缩短了截获目标的时间
(C) 头盔瞄准具有的视野是全方位的　(D) 改善了人机接口关系

42. 电子综合显示器的发展方向是________。
(A) 高精度指针指示器　(B) 彩色液晶显示器
(C) 大气数据系统　(D) 大屏幕全景显示仪

43. 彩色液晶显示器的特点是________。
(A) 重量轻　(B) 功耗低　(C) 清晰度高　(D) 可靠性小

44. 雷达角度分辨力与________有关。
(A) 天线直径　(B) 波长
(C) 目标大小　(D) 天线直径与波长的比值

45. 弹射救生系统由________等系统组成。
(A) 抛座舱盖装置　(B) 坐椅解锁装置
(C) 坐椅弹射装置　(D) 自动开伞装置

46. 飞机通信设备可分为________几大类。
(A) 生命保障设备　(B) 无线电通信设备
(C) 机内通话设备　(D) 飞机事故调查设备

47. 导致颤振现象发生的主要因素有________。
(A) 结构强度　(B) 飞行器重量
(C) 飞行器速度　(D) 结构刚度

48. 关于铝合金的说法正确的是________。
(A) 有较高的比强度和比刚度　(B) 具有良好的耐腐蚀性和高温性能

(C) 价格低廉　　(D) 不易加工成型

49. 关于镁合金的说法正确的是________。

(A) 有较高的比强度和比刚度　　(B) 具有良好的耐腐蚀性和高温性能

(C) 密度比铝合金更小　　(D) 机械加工性能优良

50. 关于合金钢的说法正确的是________。

(A) 适合于制造承受大载荷的接头、起落架和机翼大梁等构件

(B) 加工性能好,但价格较贵

(C) 比强度较低

(D) 耐高温的不锈钢是制造发动机的主要材料

51. 关于钛合金的说法正确的是________。

(A) 具有较高的比强度　　(B) 耐腐蚀性比不锈钢低

(C) 具有较高的耐热性　　(D) 机械加工性能优良

52. 关于复合材料的说法正确的是________。

(A) 由基体和增强体构成　　(B) 比强度、比刚度高

(C) 抗疲劳性能好　　(D) 剪切强度高

53. 浮力和气动升力混合式飞艇的升力由________提供。

(A) 充入氦气的气囊　　(B) 由丙烷加热的空气

(C) 升力面　　(D) 旋翼

54. 浮力和旋翼混合式飞艇的升力由________提供。

(A) 充入氦气的气囊　　(B) 由丙烷加热的空气

(C) 升力面　　(D) 旋翼

55. 热气飞艇的特点是________。

(A) 属于软式飞艇　　(B) 内压比软式氦气飞艇大

(C) 吊舱与气囊的连接是密封的　　(D) 具有方向舵和升降舵

56. 飞艇副气囊操纵的特点是________。

(A) 操纵缓慢　　(B) 设备简单

(C) 操纵力矩大　　(D) 通常用于大型软式飞艇

57. 机翼组合式工字形翼梁由上凸缘、下凸缘和腹板三部分组成,飞机机翼越厚,则________。

(A) 上下凸缘的距离越近　　(B) 上下凸缘的距离越远

(C) 凸缘中的轴向拉压力就越小　　(D) 凸缘中的轴向拉压力就越大

58. 飞机机翼的整体翼梁通常由________锻造而成。

(A) 复合材料　　(B) 镁合金　　(C) 铝合金　　(D) 合金钢

59. 飞机低速滑行时的地面转弯可以通过________来实现。

(A) 偏转方向舵　　(B) 差动刹车

(C) 操纵前轮转弯系统　　(D) 偏转副翼

60. 航天器上的温度控制系统主要采用________方式进行温度控制。

(A) 对流　　(B) 辐射

(C) 对流和辐射　　(D) 热传导

61. 可返回航天器的返回着陆系统一般由________和控制装置等组成。

(A) 制动火箭　(B) 降落伞　(C) 着陆装置　(D) 标位装置

62. 卫星承力结构的壳体一般由________制成。

(A) 铝合金的薄壁结构　(B) 合金钢的薄壁结构

(C) 复合材料的薄壁结构　(D) 蜂窝夹层结构

63. 下列关于卫星的太阳能电池阵的说法正确的是________。

(A) 结构必须对称

(B) 可以是一组粘贴在外壳表面的太阳能电池片

(C) 可以是太阳能电池帆板

(D) 结构最好为抛物面形，以减小飞行阻力

64. 美国和苏联的航天飞机的相同之处包括________。

(A) 采用自动着陆系统

(B) 轨道器布局相同

(C) 飞行方式上采用垂直发射，水平滑翔着陆

(D) 均采用固体火箭作为助推火箭

65. 美国和苏联的航天飞机的不同之处包括________。

(A) 助推火箭数量不同

(B) 轨道器布局不同

(C) 苏联采用自动着陆系统，而美国采用有人驾驶的半自动返航着陆

(D) 发射方式不同

66. 美国航天飞机的轨道机动系统所用的推进器是________。

(A) 液氢　(B) 丙烷　(C) N_2O_4　(D) 一甲基肼

67. 高速风洞包括________。

(A) 亚声速风洞　(B) 超声速风洞

(C) 跨声速风洞　(D) 高超声速风洞

68. 风洞实验的相似准则包括________。

(A) 几何相似　(B) 运动相似　(C) 动力相似　(D) 热力相似

69. 结构实验包括________。

(A) 静力试验　(B) 动力试验　(C) 疲劳试验　(D) 热强度试验

70. 静力试验是用来观察和研究飞行器结构或构件在静载荷作用下________情况的重要手段。

(A) 强度　(B) 刚度　(C) 裂纹扩展　(D) 应力分布

71. 动力试验的主要项目包括________。

(A) 颤振试验　(B) 结构动力特性试验

(C) 起落架落震试验　(D) 疲劳试验

72. 发动机地面试车的主要目的是检验________。

(A) 发动机的性能　(B) 发动机结构件的强度

(C) 发动机工作的可靠性　(D) 发动机工作的耐久性

73. "铁鸟台"试验台可以进行以下________试验。

(A) 飞机主操纵舵面系统试验　(B) 主飞控系统通信接口检查

(C) 扰流板系统试验 (D) 模拟飞行试验

74. 环境模拟试验包括________。

(A) 结冰、防冰试验 (B) 噪声试验

(C) 磁环境试验 (D) 鸟撞试验

75. 飞机机场通常包括________等基本场地和设施。

(A) 跑道 (B) 滑行道 (C) 停机坪 (D) 航站楼

76. 选择航天发射场的场址，最好满足以下________等多方面的因素。

(A) 处于高纬度地区 (B) 良好的自然条件

(C) 良好的航区 (D) 具备未来发展的适应性

4　图片填空

1. 图 32 是飞机的主要部件图，其中
   标号 1～6 的名称分别为________、________、________、________、________、________；
   标号 7～12 的名称分别为________、________、________、________、________、________。

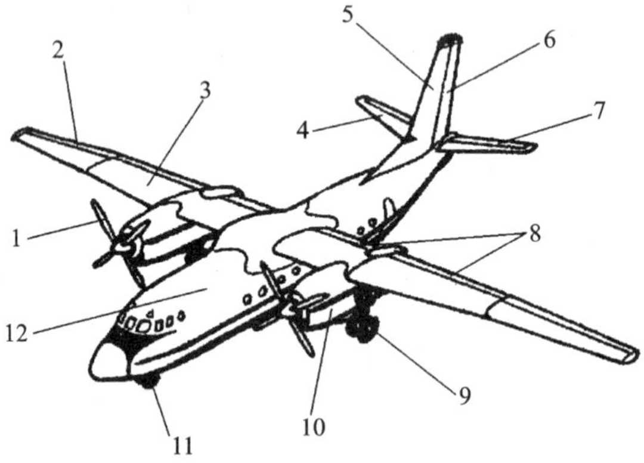

图 32

2. 根据 Ma（马赫数）的大小，可以将飞行器的飞行速度划分为不同的区域，其中
   $Ma \leqslant 0.4$ 时称为________飞行；
   $0.4 < Ma \leqslant 0.85$ 时称为________飞行；
   $0.85 < Ma \leqslant 1.3$ 时称为________飞行；
   $1.3 < Ma \leqslant 5.0$ 时称为________飞行；
   $Ma > 5.0$ 时称为________飞行。
3. 指出图 33 中数字或字母所代表的与翼型相关的部分名称，其中
   标号 1～4 分别为________、________、________、________；
   Y 为________；R 为________；D 为________；α 为________。

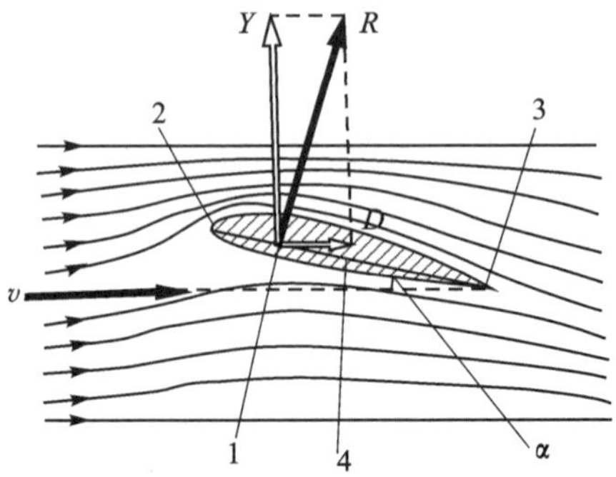

图 33

4. 指出图 34 中附面层各部分的名称，其中
标号 1 为________；标号 2 为________；a 点为________；b 点为________。

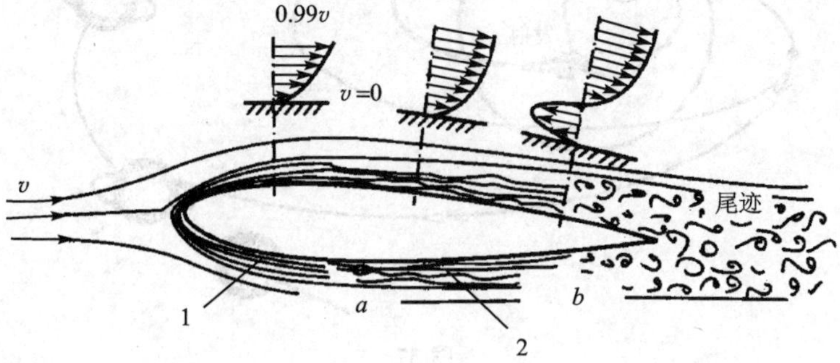

图 34

5. 指出图 35 中飞机起飞过程中不同阶段的名称，其中
A 为________；B 为________；C 为________。

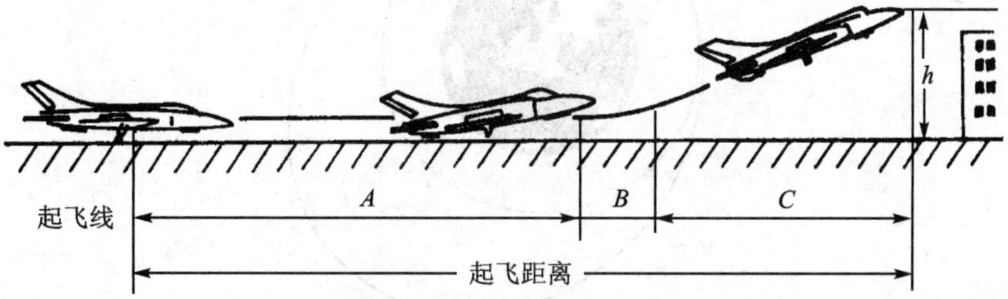

图 35

6. 指出图 36 中飞机着陆过程中不同阶段的名称，其中
A 为________；B 为________；C 为________；D 为________；E 为________。

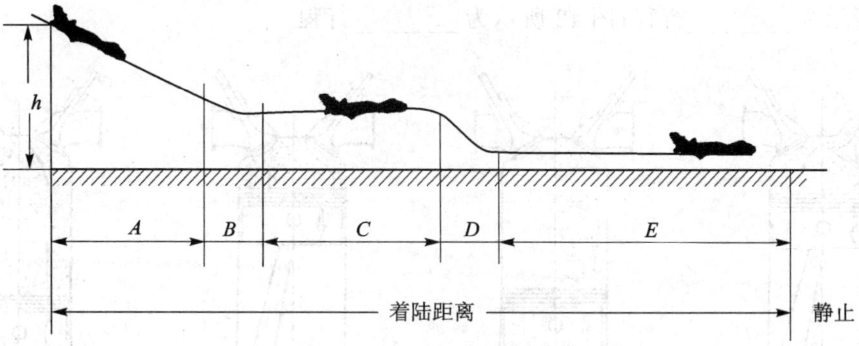

图 36

7. 指出图 37 中环月登月轨道的各阶段轨道名称，其中
A 为________；B 为________；C 为________。

8. 图 38 为航天器直接入轨示意图，其中
标号 1 为________；标号 2 为________；标号 3 为________。

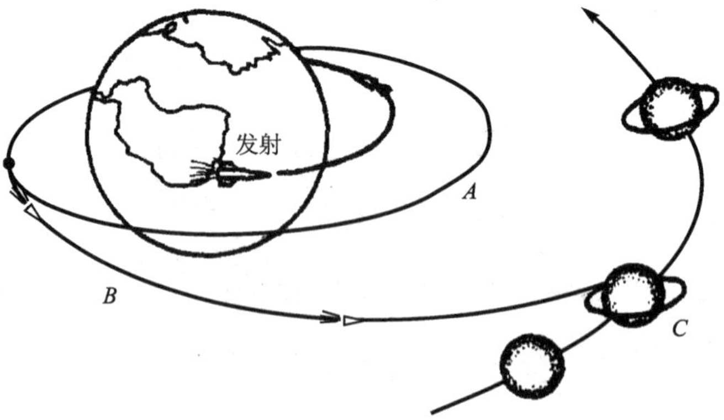

图 37

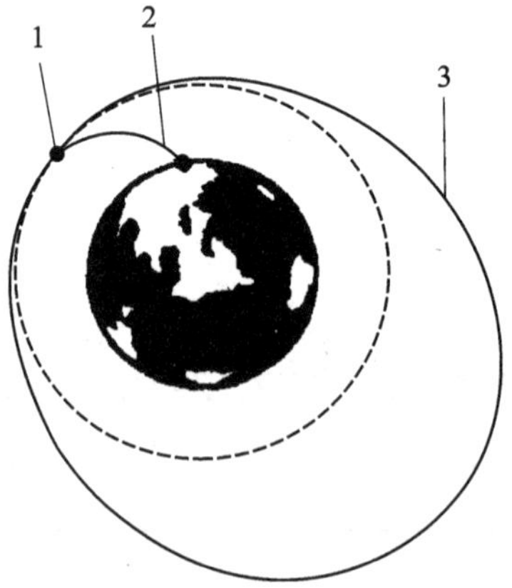

图 38

9. 图 39～图 42 所示为活塞式发动机的工作行程，其中
图 39 所示为________行程；图 40 所示为________行程；
图 41 所示为________行程；图 42 所示为________行程。

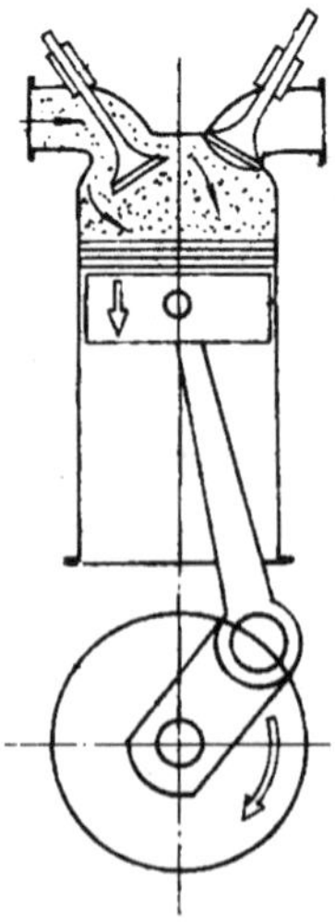
图 39

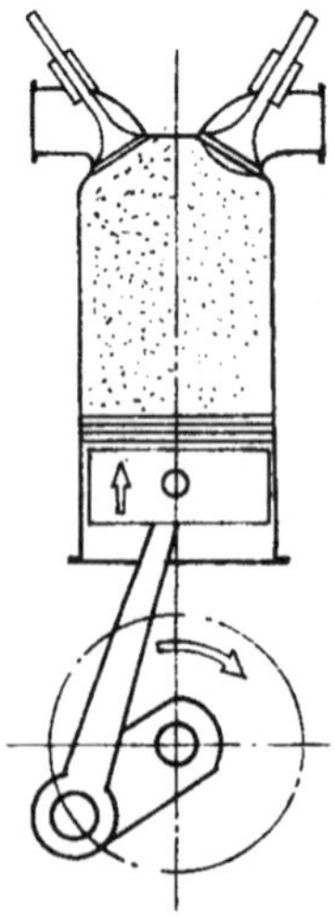
图 40

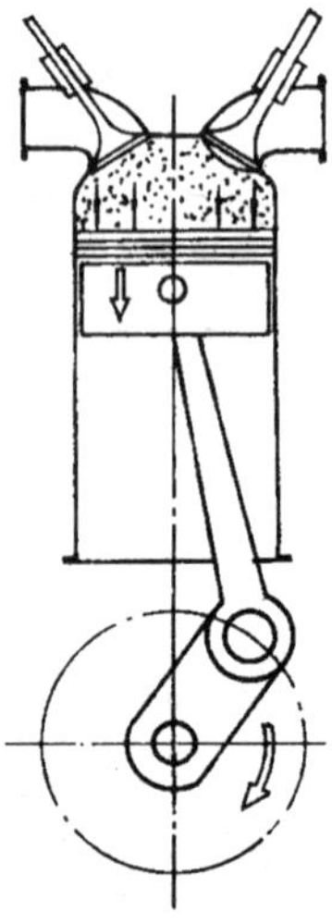
图 41

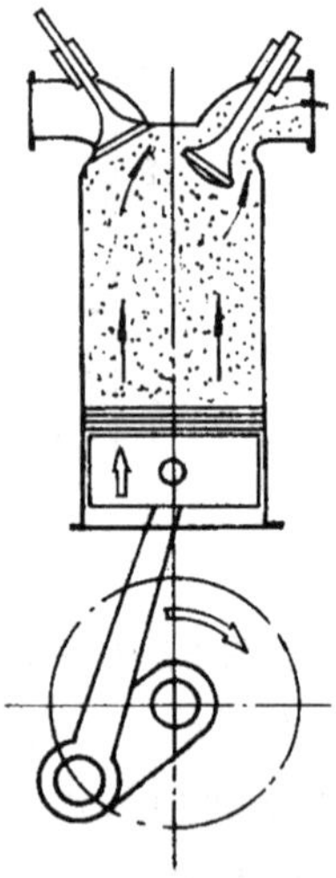
图 42

10. 指出图 43 中涡轮喷气发动机各部件的名称，其中标号 1～5 的名称分别为________、________、________、________、________。

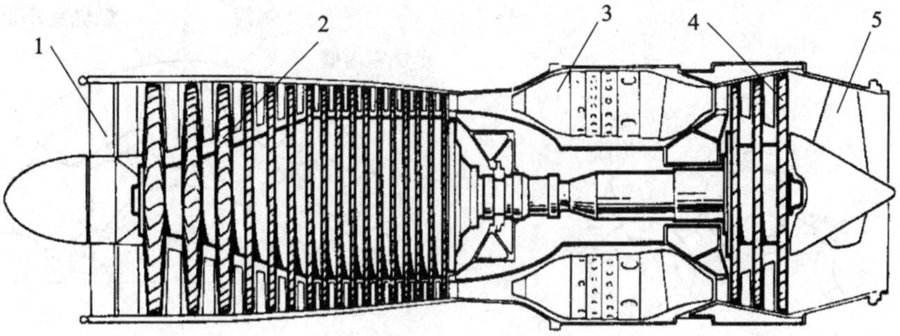

图 43

11. 指出图 44 中离心式压气机各组成部件的名称，其中标号 1～4 的名称分别为________、________、________、________。

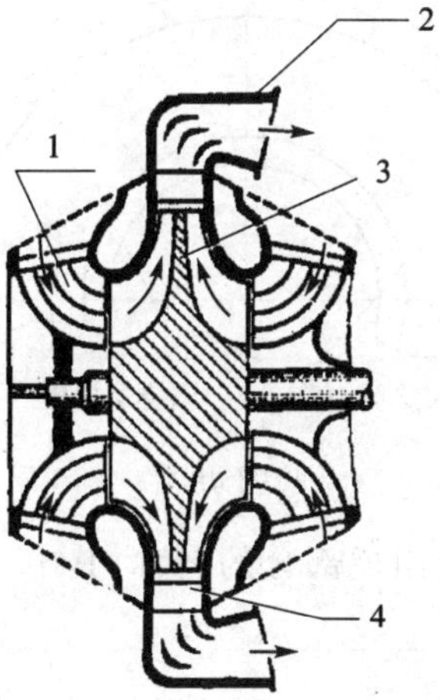

图 44

12. 指出图 45 中发动机燃烧室各组成部分的名称，其中标号 1～4 的名称分别为________、________、________、________。

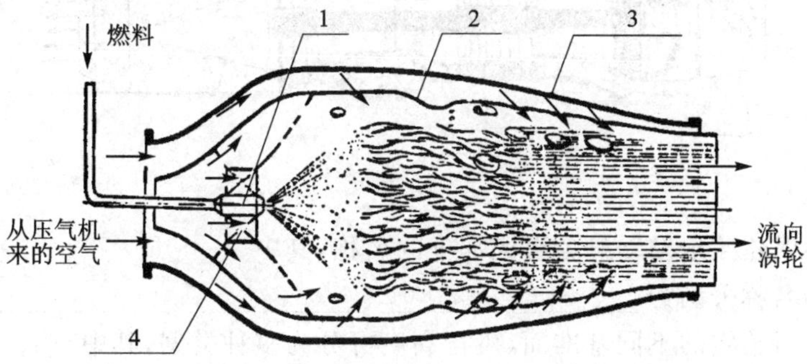

图 45

13. 图 46 至 48 是常见的三种燃烧室形式,其中
图 46 所示为________;图 47 所示为________;图 48 所示为________。

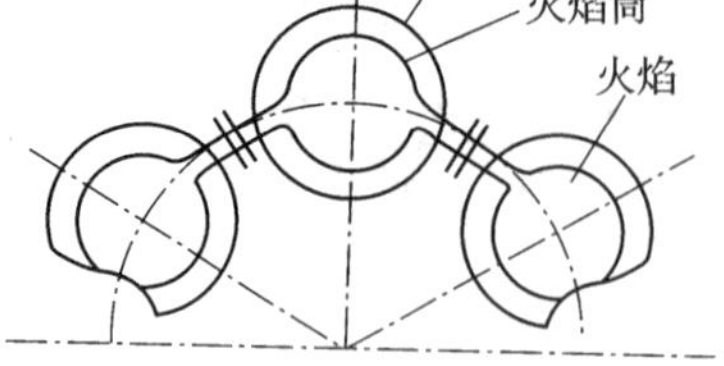

图 46

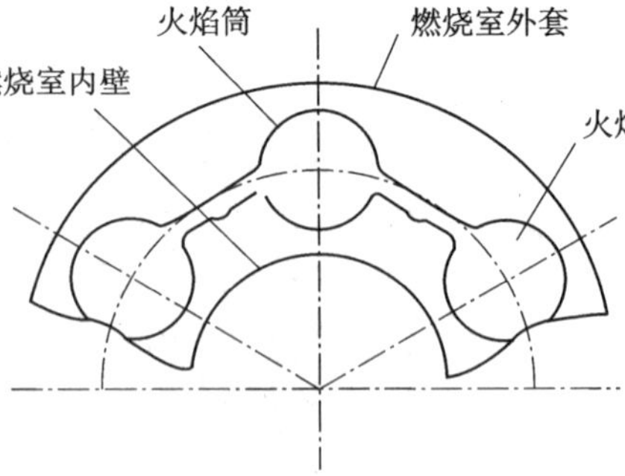

图 47

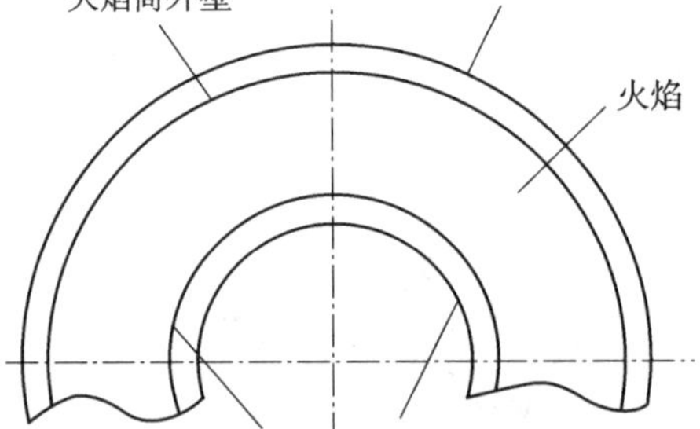

图 48

14. 指出图 49 中涡轮螺桨发动机各组成部分的名称,其中
标号 1～4 的名称分别为________、________、________、________;
标号 5～7 的名称分别为________、________、________。

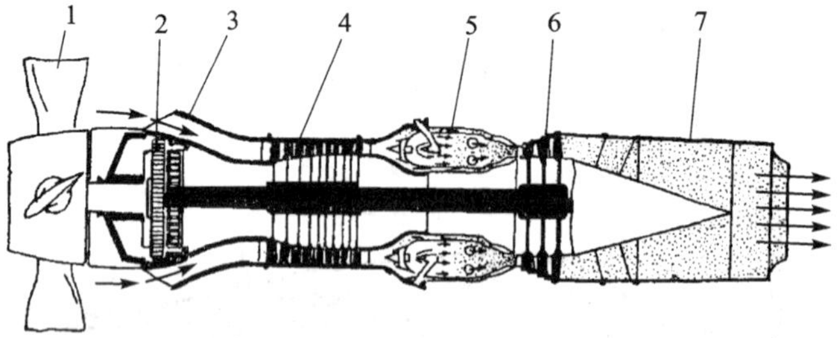

图 49

15. 指出图 50 中涡轮桨扇发动机各组成部分的名称,其中
标号 1～5 的名称分别为________、________、________、________、________。

16. 根据图 51 中所给定的不同基准面,飞行高度可分为多种类型,其中
标号 1 为________高度;标号 2 为________高度;标号 3 为________高度;标号 4 为________高度。

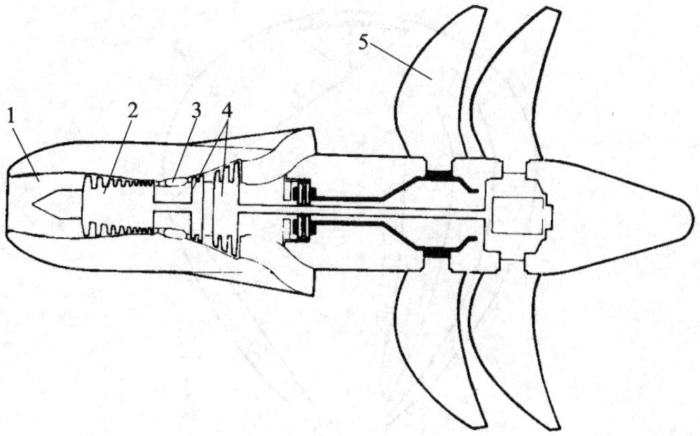

图 50

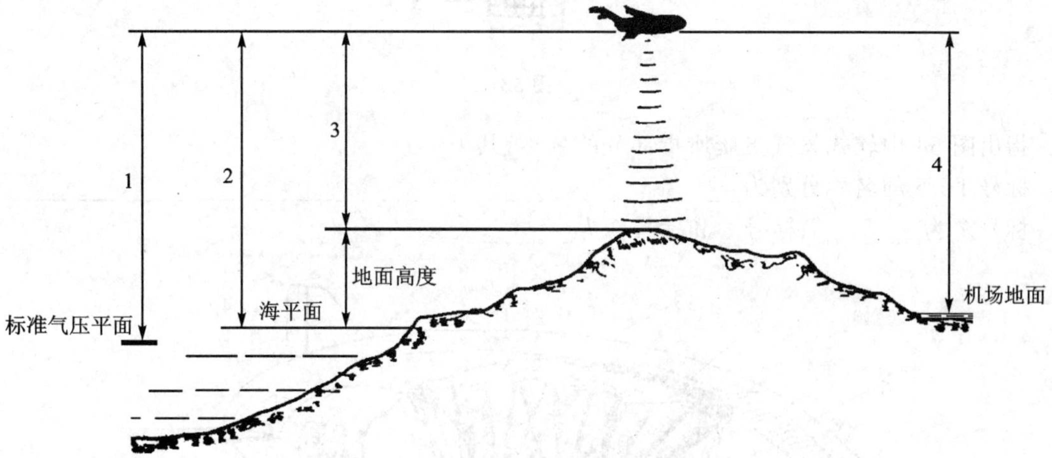

图 51

17. 图 52 中所示为空速管构造示意图，当空速管正对气流时，其中标号 1 处气流速度为________，气压为________；标号 2 为________；标号 3 处的气压为________；标号 4 处的气压为________；标号 5 为________。

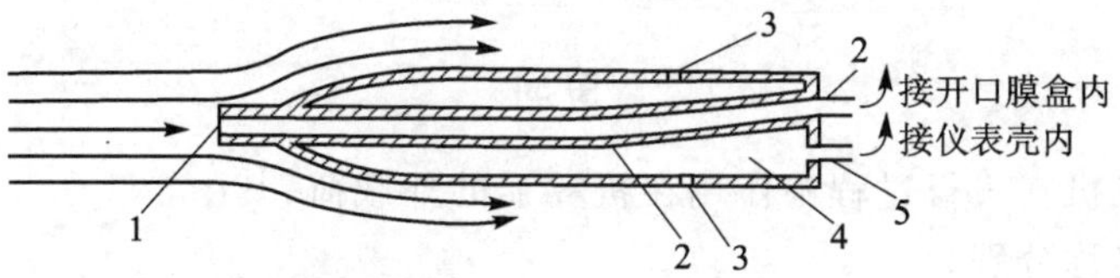

图 52

18. 指出图 53 中热气球所指部分的名称：
标号 1～6 的名称分别为________、________、________、________、________、________。

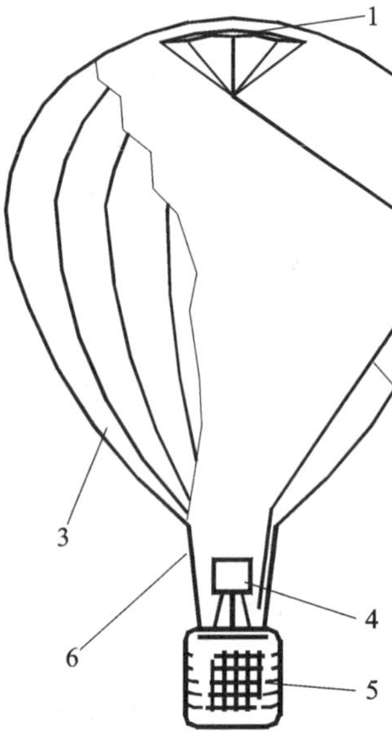

图 53

19. 指出图 54 中软式氦气飞艇所指部分的名称,其中
标号 1～6 的名称分别为________、________、________、________、________、________;
标号 7 为________;标号 8 和标号 9 为________。

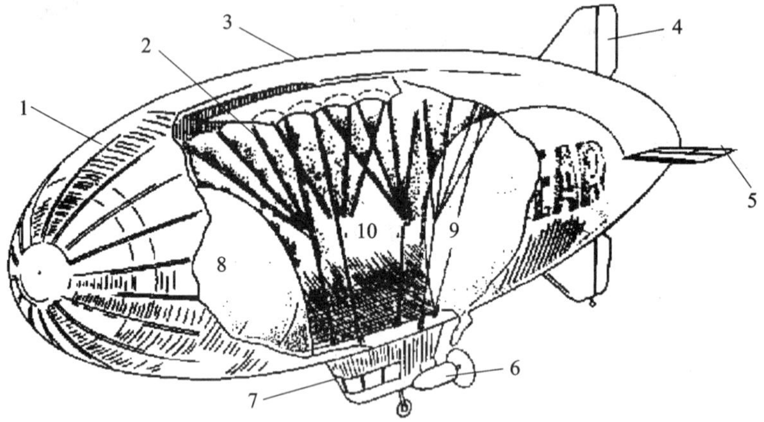

图 54

20. 指出图 55 中飞机在飞行过程中作用在机翼上的外载荷,其中
标号 1～4 的名称分别为________、________、________、________。
21. 指出图 56 中飞机在飞行过程中作用在机翼上各种形式的内力,其中
标号 1 为________;标号 2 为________;标号 3 为________。
22. 指出图 57 中单梁式机翼所指部分的名称,其中
标号 1～6 的名称分别为________、________、________、________、________、________。

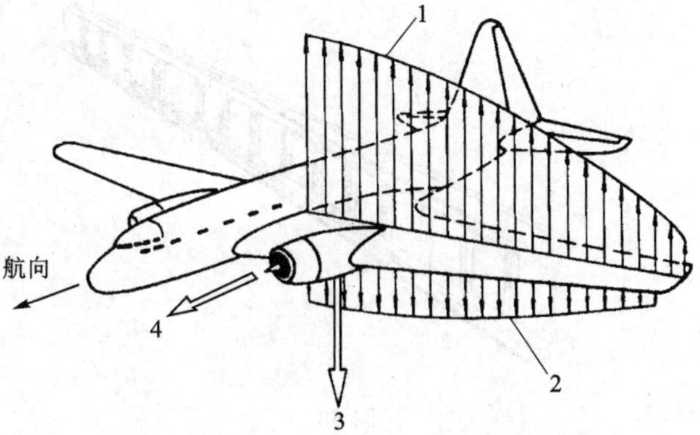

图 55

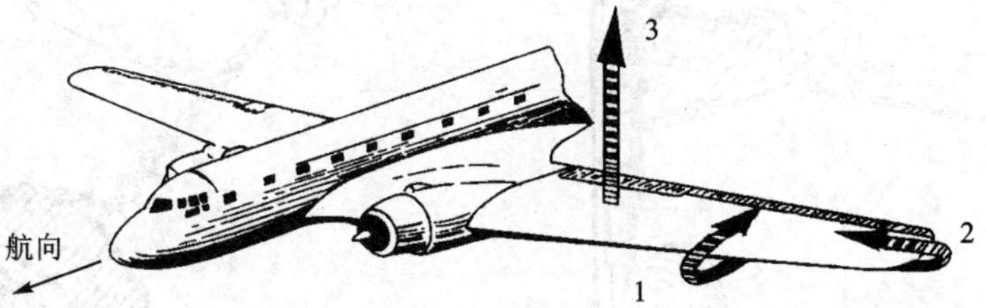

图 56

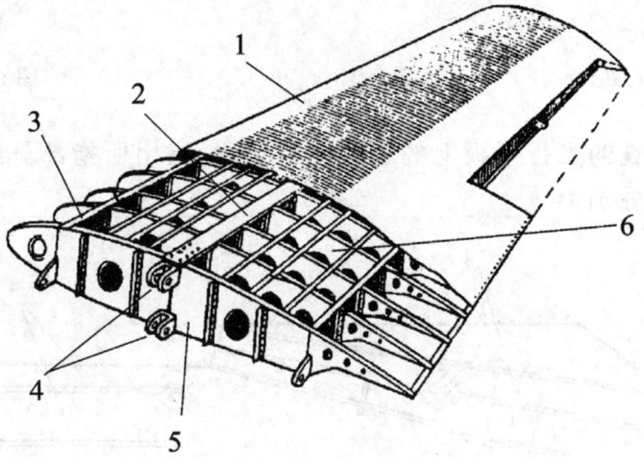

图 57

23．指出图 58 中组合式翼梁所指组成部分的名称，其中
标号 1 为________；标号 2 为________；标号 3 为________。

24．指出图 59 中典型轮式起落架所指部分的名称，其中
标号 1～5 的名称分别为________、________、________、________、________。

25．图 60 为重力梯度稳定卫星构形原理图，其中
标号 1 为________；标号 2 为________；标号 3 为________。

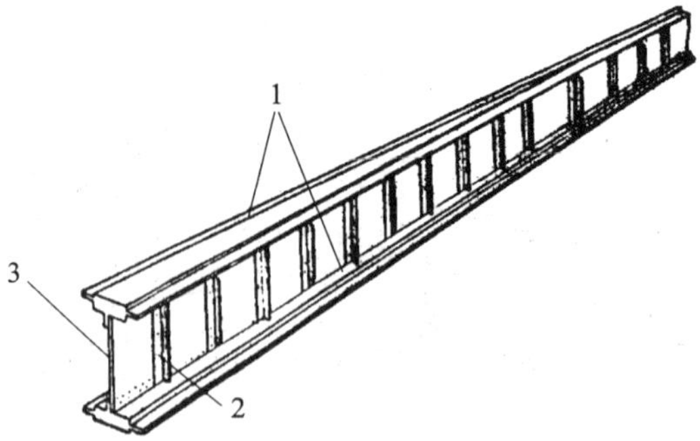

图 58

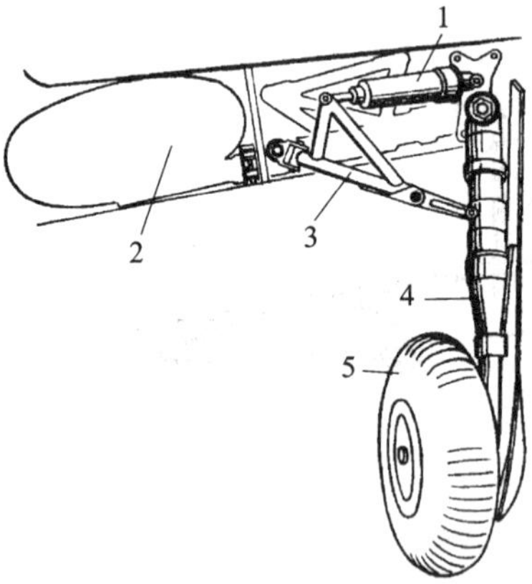

图 59

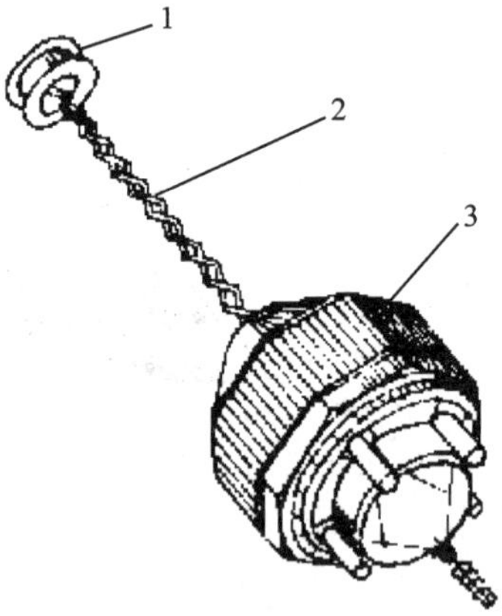

图 60

26. 图 61 中为航空母舰的飞行甲板上的起降辅助装置，指出所指部分的名称，其中标号 1～4 的名称分别为________、________、________、________。

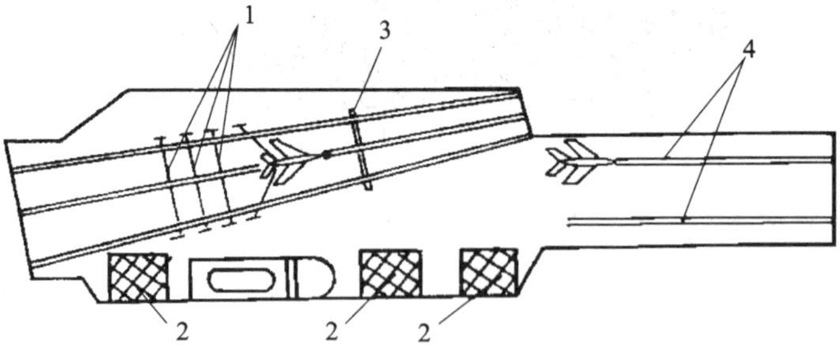

图 61

27. 指出图 62 中航天飞机所示部分的名称，其中标号 1～4 的名称分别为________、________、________、________。

28. 指出图 63 至 65 中的运载火箭的组合方式，其中图 63 所示为________；图 64 所示为________；图 65 所示为________。

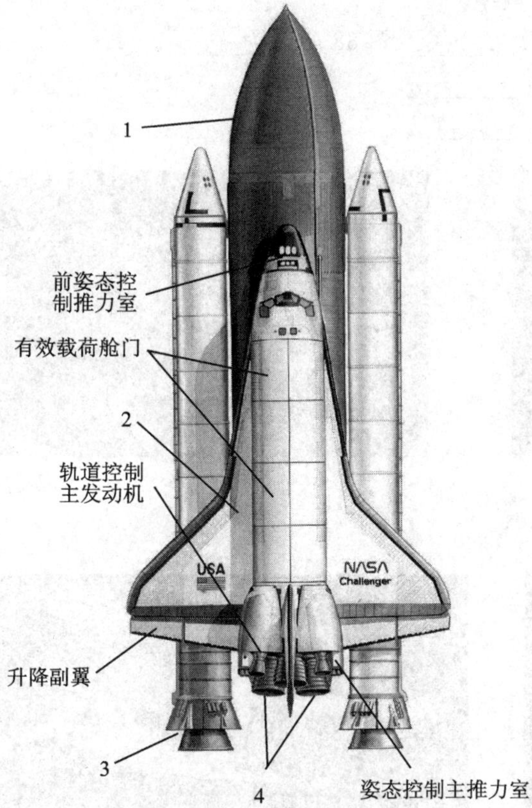

图 62

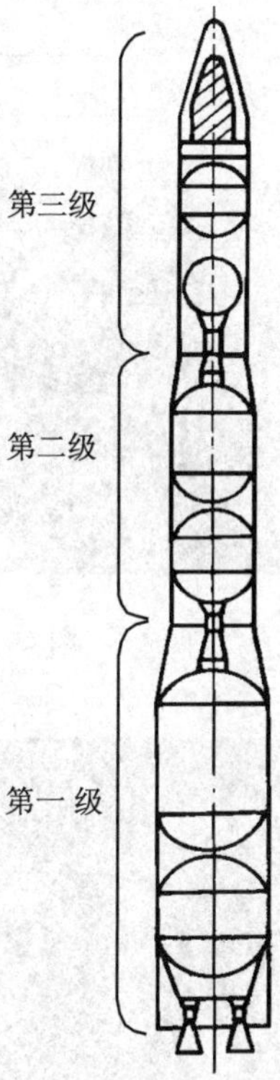

图 63

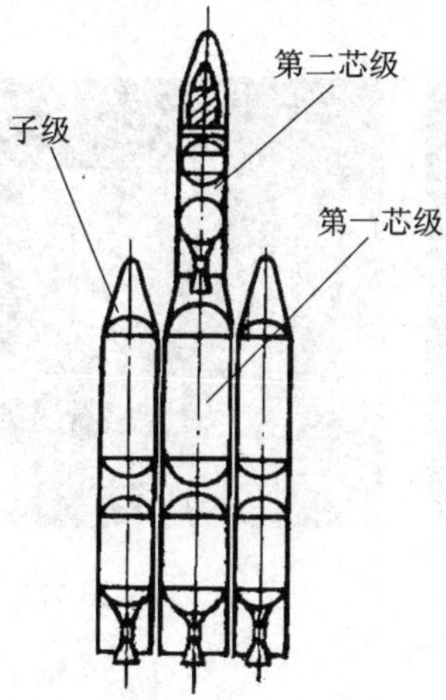

图 64

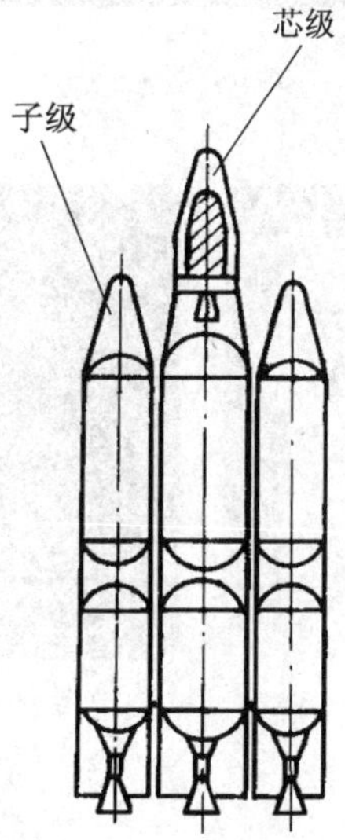

图 65

29. 写出图66至72中的实验设备名称,其中

图66所示为________;图67所示为________;图68所示为________;

图69所示为________;图70所示为________;

图71所示为________;图72所示为________。

图 66

图 67

图 68

图 69

图 70

图 71

图 72

第1章　航空航天发展概况(答题纸)

班级＿＿＿＿＿＿＿　姓名＿＿＿＿＿＿＿　学号＿＿＿＿＿＿＿

1　基础部分

1.1　单项选择

题号	A B C D	A B C D	A B C D	A B C D	A B C D
1～5	○ ○ ○ ○	○ ○ ○ ○	○ ○ ○ ○	○ ○ ○ ○	○ ○ ○ ○
6～10	○ ○ ○ ○	○ ○ ○ ○	○ ○ ○ ○	○ ○ ○ ○	○ ○ ○ ○
11～15	○ ○ ○ ○	○ ○ ○ ○	○ ○ ○ ○	○ ○ ○ ○	○ ○ ○ ○
16～20	○ ○ ○ ○	○ ○ ○ ○	○ ○ ○ ○	○ ○ ○ ○	○ ○ ○ ○
21～25	○ ○ ○ ○	○ ○ ○ ○	○ ○ ○ ○	○ ○ ○ ○	○ ○ ○ ○
26～30	○ ○ ○ ○	○ ○ ○ ○	○ ○ ○ ○	○ ○ ○ ○	○ ○ ○ ○
31～35	○ ○ ○ ○	○ ○ ○ ○	○ ○ ○ ○	○ ○ ○ ○	○ ○ ○ ○
36～40	○ ○ ○ ○	○ ○ ○ ○	○ ○ ○ ○	○ ○ ○ ○	○ ○ ○ ○
41～45	○ ○ ○ ○	○ ○ ○ ○	○ ○ ○ ○	○ ○ ○ ○	○ ○ ○ ○
46～50	○ ○ ○ ○	○ ○ ○ ○	○ ○ ○ ○	○ ○ ○ ○	○ ○ ○ ○
51～55	○ ○ ○ ○	○ ○ ○ ○	○ ○ ○ ○	○ ○ ○ ○	○ ○ ○ ○
56～60	○ ○ ○ ○	○ ○ ○ ○	○ ○ ○ ○	○ ○ ○ ○	○ ○ ○ ○
61～65	○ ○ ○ ○	○ ○ ○ ○	○ ○ ○ ○	○ ○ ○ ○	○ ○ ○ ○
66～70	○ ○ ○ ○	○ ○ ○ ○	○ ○ ○ ○	○ ○ ○ ○	○ ○ ○ ○
71～75	○ ○ ○ ○	○ ○ ○ ○	○ ○ ○ ○	○ ○ ○ ○	○ ○ ○ ○
76～80	○ ○ ○ ○	○ ○ ○ ○	○ ○ ○ ○	○ ○ ○ ○	○ ○ ○ ○
81～85	○ ○ ○ ○	○ ○ ○ ○	○ ○ ○ ○	○ ○ ○ ○	○ ○ ○ ○
86～90	○ ○ ○ ○	○ ○ ○ ○	○ ○ ○ ○	○ ○ ○ ○	○ ○ ○ ○
91～92	○ ○ ○ ○	○ ○ ○ ○			

1.2　多项选择

题号	A B C D	A B C D	A B C D	A B C D	A B C D
1～5	○ ○ ○ ○	○ ○ ○ ○	○ ○ ○ ○	○ ○ ○ ○	○ ○ ○ ○
6～10	○ ○ ○ ○	○ ○ ○ ○	○ ○ ○ ○	○ ○ ○ ○	○ ○ ○ ○
11～15	○ ○ ○ ○	○ ○ ○ ○	○ ○ ○ ○	○ ○ ○ ○	○ ○ ○ ○
16～20	○ ○ ○ ○	○ ○ ○ ○	○ ○ ○ ○	○ ○ ○ ○	○ ○ ○ ○
21～25	○ ○ ○ ○	○ ○ ○ ○	○ ○ ○ ○	○ ○ ○ ○	○ ○ ○ ○
26～30	○ ○ ○ ○	○ ○ ○ ○	○ ○ ○ ○	○ ○ ○ ○	○ ○ ○ ○
31～35	○ ○ ○ ○	○ ○ ○ ○	○ ○ ○ ○	○ ○ ○ ○	○ ○ ○ ○
36～37	○ ○ ○ ○	○ ○ ○ ○			

2　深化部分

2.1　单项选择

题号	A B C D	A B C D	A B C D	A B C D	A B C D
1～5	○ ○ ○ ○	○ ○ ○ ○	○ ○ ○ ○	○ ○ ○ ○	○ ○ ○ ○
6～10	○ ○ ○ ○	○ ○ ○ ○	○ ○ ○ ○	○ ○ ○ ○	○ ○ ○ ○

题号	A B C D		A B C D		A B C D		A B C D		A B C D	
11～15	○ ○ ○ ○		○ ○ ○ ○		○ ○ ○ ○		○ ○ ○ ○		○ ○ ○ ○	
16～20	○ ○ ○ ○		○ ○ ○ ○		○ ○ ○ ○		○ ○ ○ ○		○ ○ ○ ○	
21～25	○ ○ ○ ○		○ ○ ○ ○		○ ○ ○ ○		○ ○ ○ ○		○ ○ ○ ○	
26～30	○ ○ ○ ○		○ ○ ○ ○		○ ○ ○ ○		○ ○ ○ ○		○ ○ ○ ○	
31～35	○ ○ ○ ○		○ ○ ○ ○		○ ○ ○ ○		○ ○ ○ ○		○ ○ ○ ○	
36～40	○ ○ ○ ○		○ ○ ○ ○		○ ○ ○ ○		○ ○ ○ ○		○ ○ ○ ○	
41～45	○ ○ ○ ○		○ ○ ○ ○		○ ○ ○ ○		○ ○ ○ ○		○ ○ ○ ○	
46～50	○ ○ ○ ○		○ ○ ○ ○		○ ○ ○ ○		○ ○ ○ ○		○ ○ ○ ○	
51	○ ○ ○ ○									

2.2 多项选择

题号	A B C D		A B C D		A B C D		A B C D		A B C D	
1～5	○ ○ ○ ○		○ ○ ○ ○		○ ○ ○ ○		○ ○ ○ ○		○ ○ ○ ○	
6～10	○ ○ ○ ○		○ ○ ○ ○		○ ○ ○ ○		○ ○ ○ ○		○ ○ ○ ○	
11～15	○ ○ ○ ○		○ ○ ○ ○		○ ○ ○ ○		○ ○ ○ ○		○ ○ ○ ○	
16～18	○ ○ ○ ○		○ ○ ○ ○		○ ○ ○ ○					

3 拓展部分

3.1 单项选择

题号	A B C D		A B C D		A B C D		A B C D		A B C D	
1～5	○ ○ ○ ○		○ ○ ○ ○		○ ○ ○ ○		○ ○ ○ ○		○ ○ ○ ○	
6～10	○ ○ ○ ○		○ ○ ○ ○		○ ○ ○ ○		○ ○ ○ ○		○ ○ ○ ○	
11～15	○ ○ ○ ○		○ ○ ○ ○		○ ○ ○ ○		○ ○ ○ ○		○ ○ ○ ○	
16～20	○ ○ ○ ○		○ ○ ○ ○		○ ○ ○ ○		○ ○ ○ ○		○ ○ ○ ○	
21～25	○ ○ ○ ○		○ ○ ○ ○		○ ○ ○ ○		○ ○ ○ ○		○ ○ ○ ○	
26～30	○ ○ ○ ○		○ ○ ○ ○		○ ○ ○ ○		○ ○ ○ ○		○ ○ ○ ○	
31～35	○ ○ ○ ○		○ ○ ○ ○		○ ○ ○ ○		○ ○ ○ ○		○ ○ ○ ○	
36～39	○ ○ ○ ○		○ ○ ○ ○		○ ○ ○ ○		○ ○ ○ ○			

3.2 多项选择

题号	A B C D		A B C D		A B C D		A B C D		A B C D	
1～5	○ ○ ○ ○		○ ○ ○ ○		○ ○ ○ ○		○ ○ ○ ○		○ ○ ○ ○	
6～10	○ ○ ○ ○		○ ○ ○ ○		○ ○ ○ ○		○ ○ ○ ○		○ ○ ○ ○	
11～15	○ ○ ○ ○		○ ○ ○ ○		○ ○ ○ ○		○ ○ ○ ○		○ ○ ○ ○	
16	○ ○ ○ ○									

4 图片填空

1. 标号 1～12 分别为：__________、__________、__________、__________、__________、__________、__________、__________、__________、__________、__________、__________。
2. $Ma \leqslant 0.4$ 时称为__________飞行；$0.4 < Ma \leqslant 0.85$ 时称为__________飞行；$0.85 < Ma \leqslant 1.3$ 时称为__________飞行；$1.3 < Ma \leqslant 5.0$ 时称为__________飞行；$Ma > 5.0$ 时称为__________飞行。

第2章　飞行器飞行原理(答题纸)

班级__________　姓名__________　学号__________

1　基础部分

1.1　单项选择

题号	A B C D		A B C D		A B C D		A B C D		A B C D	
93～95					○ ○ ○ ○		○ ○ ○ ○		○ ○ ○ ○	
96～100	○ ○ ○ ○		○ ○ ○ ○		○ ○ ○ ○		○ ○ ○ ○		○ ○ ○ ○	
101～105	○ ○ ○ ○		○ ○ ○ ○		○ ○ ○ ○		○ ○ ○ ○		○ ○ ○ ○	
106～110	○ ○ ○ ○		○ ○ ○ ○		○ ○ ○ ○		○ ○ ○ ○		○ ○ ○ ○	
111～115	○ ○ ○ ○		○ ○ ○ ○		○ ○ ○ ○		○ ○ ○ ○		○ ○ ○ ○	
116～120	○ ○ ○ ○		○ ○ ○ ○		○ ○ ○ ○		○ ○ ○ ○		○ ○ ○ ○	
121～125	○ ○ ○ ○		○ ○ ○ ○		○ ○ ○ ○		○ ○ ○ ○		○ ○ ○ ○	
126～130	○ ○ ○ ○		○ ○ ○ ○		○ ○ ○ ○		○ ○ ○ ○		○ ○ ○ ○	
131～135	○ ○ ○ ○		○ ○ ○ ○		○ ○ ○ ○		○ ○ ○ ○		○ ○ ○ ○	
136～140	○ ○ ○ ○		○ ○ ○ ○		○ ○ ○ ○		○ ○ ○ ○		○ ○ ○ ○	
141～145	○ ○ ○ ○		○ ○ ○ ○		○ ○ ○ ○		○ ○ ○ ○		○ ○ ○ ○	
146～150	○ ○ ○ ○		○ ○ ○ ○		○ ○ ○ ○		○ ○ ○ ○		○ ○ ○ ○	
151～155	○ ○ ○ ○		○ ○ ○ ○		○ ○ ○ ○		○ ○ ○ ○		○ ○ ○ ○	
156～160	○ ○ ○ ○		○ ○ ○ ○		○ ○ ○ ○		○ ○ ○ ○		○ ○ ○ ○	
161～165	○ ○ ○ ○		○ ○ ○ ○		○ ○ ○ ○		○ ○ ○ ○		○ ○ ○ ○	
166～170	○ ○ ○ ○		○ ○ ○ ○		○ ○ ○ ○		○ ○ ○ ○		○ ○ ○ ○	
171～175	○ ○ ○ ○		○ ○ ○ ○		○ ○ ○ ○		○ ○ ○ ○		○ ○ ○ ○	
176	○ ○ ○ ○									

1.2　多项选择

题号	A B C D		A B C D		A B C D		A B C D		A B C D	
38～40					○ ○ ○ ○		○ ○ ○ ○		○ ○ ○ ○	
41～45	○ ○ ○ ○		○ ○ ○ ○		○ ○ ○ ○		○ ○ ○ ○		○ ○ ○ ○	
46～50	○ ○ ○ ○		○ ○ ○ ○		○ ○ ○ ○		○ ○ ○ ○		○ ○ ○ ○	
51～55	○ ○ ○ ○		○ ○ ○ ○		○ ○ ○ ○		○ ○ ○ ○		○ ○ ○ ○	
56～60	○ ○ ○ ○		○ ○ ○ ○		○ ○ ○ ○		○ ○ ○ ○		○ ○ ○ ○	
61～65	○ ○ ○ ○		○ ○ ○ ○		○ ○ ○ ○		○ ○ ○ ○		○ ○ ○ ○	
66～70	○ ○ ○ ○		○ ○ ○ ○		○ ○ ○ ○		○ ○ ○ ○		○ ○ ○ ○	
71～75	○ ○ ○ ○		○ ○ ○ ○		○ ○ ○ ○		○ ○ ○ ○		○ ○ ○ ○	
76～80	○ ○ ○ ○		○ ○ ○ ○		○ ○ ○ ○		○ ○ ○ ○		○ ○ ○ ○	
81～85	○ ○ ○ ○		○ ○ ○ ○		○ ○ ○ ○		○ ○ ○ ○		○ ○ ○ ○	

2 深化部分

2.1 单项选择

题号	A B C D		A B C D		A B C D		A B C D		A B C D	
52～55			○ ○ ○ ○		○ ○ ○ ○		○ ○ ○ ○		○ ○ ○ ○	
56～60	○ ○ ○ ○		○ ○ ○ ○		○ ○ ○ ○		○ ○ ○ ○		○ ○ ○ ○	
61～65	○ ○ ○ ○		○ ○ ○ ○		○ ○ ○ ○		○ ○ ○ ○		○ ○ ○ ○	
66～70	○ ○ ○ ○		○ ○ ○ ○		○ ○ ○ ○		○ ○ ○ ○		○ ○ ○ ○	
71～75	○ ○ ○ ○		○ ○ ○ ○		○ ○ ○ ○		○ ○ ○ ○		○ ○ ○ ○	
76～80	○ ○ ○ ○		○ ○ ○ ○		○ ○ ○ ○		○ ○ ○ ○		○ ○ ○ ○	
81～85	○ ○ ○ ○		○ ○ ○ ○		○ ○ ○ ○		○ ○ ○ ○		○ ○ ○ ○	
86～90	○ ○ ○ ○		○ ○ ○ ○		○ ○ ○ ○		○ ○ ○ ○		○ ○ ○ ○	
91～94	○ ○ ○ ○		○ ○ ○ ○		○ ○ ○ ○		○ ○ ○ ○			

2.2 多项选择

题号	A B C D		A B C D		A B C D		A B C D		A B C D	
19～20							○ ○ ○ ○		○ ○ ○ ○	
21～25	○ ○ ○ ○		○ ○ ○ ○		○ ○ ○ ○		○ ○ ○ ○		○ ○ ○ ○	
26～29	○ ○ ○ ○		○ ○ ○ ○		○ ○ ○ ○		○ ○ ○ ○			

3 拓展部分

3.1 单项选择

题号	A B C D		A B C D		A B C D		A B C D		A B C D	
40									○ ○ ○ ○	
41～45	○ ○ ○ ○		○ ○ ○ ○		○ ○ ○ ○		○ ○ ○ ○		○ ○ ○ ○	
46～50	○ ○ ○ ○		○ ○ ○ ○		○ ○ ○ ○		○ ○ ○ ○		○ ○ ○ ○	
51～55	○ ○ ○ ○		○ ○ ○ ○		○ ○ ○ ○		○ ○ ○ ○		○ ○ ○ ○	
56～60	○ ○ ○ ○		○ ○ ○ ○		○ ○ ○ ○		○ ○ ○ ○		○ ○ ○ ○	
61～64	○ ○ ○ ○		○ ○ ○ ○		○ ○ ○ ○		○ ○ ○ ○			

3.2 多项选择

题号	A B C D		A B C D		A B C D		A B C D		A B C D	
17～20			○ ○ ○ ○		○ ○ ○ ○		○ ○ ○ ○		○ ○ ○ ○	
21～25	○ ○ ○ ○		○ ○ ○ ○		○ ○ ○ ○		○ ○ ○ ○		○ ○ ○ ○	
26～28	○ ○ ○ ○		○ ○ ○ ○		○ ○ ○ ○					

4 图片填空

3. 标号 1～4 分别为：__________、__________、__________、__________。
   Y 为__________、R 为__________、D 为__________、α 为__________。
4. 标号 1 为__________；标号 2 为__________；a 点为__________；b 点为__________。
5. A 为__________；B 为__________；C 为__________。
6. A 为__________；B 为__________；C 为__________；D 为__________；E 为__________。
7. A 为__________；B 为__________；C 为__________。
8. 标号 1 为__________；标号 2 为__________；标号 3 为__________。

第 3 章　飞行器动力装置(答题纸)

班级__________　姓名__________　学号__________

1　基础部分

1.1　单项选择

题号	A B C D	A B C D	A B C D	A B C D	A B C D
177～180		○ ○ ○ ○	○ ○ ○ ○	○ ○ ○ ○	○ ○ ○ ○
181～185	○ ○ ○ ○	○ ○ ○ ○	○ ○ ○ ○	○ ○ ○ ○	○ ○ ○ ○
186～190	○ ○ ○ ○	○ ○ ○ ○	○ ○ ○ ○	○ ○ ○ ○	○ ○ ○ ○
191～195	○ ○ ○ ○	○ ○ ○ ○	○ ○ ○ ○	○ ○ ○ ○	○ ○ ○ ○
196～200	○ ○ ○ ○	○ ○ ○ ○	○ ○ ○ ○	○ ○ ○ ○	○ ○ ○ ○
201～205	○ ○ ○ ○	○ ○ ○ ○	○ ○ ○ ○	○ ○ ○ ○	○ ○ ○ ○
206～210	○ ○ ○ ○	○ ○ ○ ○	○ ○ ○ ○	○ ○ ○ ○	○ ○ ○ ○
211～215	○ ○ ○ ○	○ ○ ○ ○	○ ○ ○ ○	○ ○ ○ ○	○ ○ ○ ○
216～220	○ ○ ○ ○	○ ○ ○ ○	○ ○ ○ ○	○ ○ ○ ○	○ ○ ○ ○
221～225	○ ○ ○ ○	○ ○ ○ ○	○ ○ ○ ○	○ ○ ○ ○	○ ○ ○ ○
226～230	○ ○ ○ ○	○ ○ ○ ○	○ ○ ○ ○	○ ○ ○ ○	○ ○ ○ ○
231～235	○ ○ ○ ○	○ ○ ○ ○	○ ○ ○ ○	○ ○ ○ ○	○ ○ ○ ○
236	○ ○ ○ ○				

1.2　多项选择

题号	A B C D	A B C D	A B C D	A B C D	A B C D
86～90	○ ○ ○ ○	○ ○ ○ ○	○ ○ ○ ○	○ ○ ○ ○	○ ○ ○ ○
91～95	○ ○ ○ ○	○ ○ ○ ○	○ ○ ○ ○	○ ○ ○ ○	○ ○ ○ ○
96～100	○ ○ ○ ○	○ ○ ○ ○	○ ○ ○ ○	○ ○ ○ ○	○ ○ ○ ○
101～105	○ ○ ○ ○	○ ○ ○ ○	○ ○ ○ ○	○ ○ ○ ○	○ ○ ○ ○
106～110	○ ○ ○ ○	○ ○ ○ ○	○ ○ ○ ○	○ ○ ○ ○	○ ○ ○ ○
111～115	○ ○ ○ ○	○ ○ ○ ○	○ ○ ○ ○	○ ○ ○ ○	○ ○ ○ ○
116～120	○ ○ ○ ○	○ ○ ○ ○	○ ○ ○ ○	○ ○ ○ ○	○ ○ ○ ○
121～123	○ ○ ○ ○	○ ○ ○ ○	○ ○ ○ ○		

2　深化部分

2.1　单项选择

题号	A B C D	A B C D	A B C D	A B C D	A B C D
95					○ ○ ○ ○
96～100	○ ○ ○ ○	○ ○ ○ ○	○ ○ ○ ○	○ ○ ○ ○	○ ○ ○ ○
101～105	○ ○ ○ ○	○ ○ ○ ○	○ ○ ○ ○	○ ○ ○ ○	○ ○ ○ ○
106～110	○ ○ ○ ○	○ ○ ○ ○	○ ○ ○ ○	○ ○ ○ ○	○ ○ ○ ○
111～115	○ ○ ○ ○	○ ○ ○ ○	○ ○ ○ ○	○ ○ ○ ○	○ ○ ○ ○
116～120	○ ○ ○ ○	○ ○ ○ ○	○ ○ ○ ○	○ ○ ○ ○	○ ○ ○ ○
121～125	○ ○ ○ ○	○ ○ ○ ○	○ ○ ○ ○	○ ○ ○ ○	○ ○ ○ ○
126～129	○ ○ ○ ○	○ ○ ○ ○	○ ○ ○ ○	○ ○ ○ ○	

2.2 多项选择

题号	A B C D		A B C D		A B C D		A B C D		A B C D	
30									○ ○ ○ ○	
31～35	○ ○ ○ ○		○ ○ ○ ○		○ ○ ○ ○		○ ○ ○ ○		○ ○ ○ ○	
36～40	○ ○ ○ ○		○ ○ ○ ○		○ ○ ○ ○		○ ○ ○ ○		○ ○ ○ ○	
41～45	○ ○ ○ ○		○ ○ ○ ○		○ ○ ○ ○		○ ○ ○ ○		○ ○ ○ ○	
46～50	○ ○ ○ ○		○ ○ ○ ○		○ ○ ○ ○		○ ○ ○ ○		○ ○ ○ ○	
51～52	○ ○ ○ ○		○ ○ ○ ○							

3 拓展部分

3.1 单项选择

题号	A B C D		A B C D		A B C D		A B C D		A B C D	
65									○ ○ ○ ○	
66～70	○ ○ ○ ○		○ ○ ○ ○		○ ○ ○ ○		○ ○ ○ ○		○ ○ ○ ○	
71～75	○ ○ ○ ○		○ ○ ○ ○		○ ○ ○ ○		○ ○ ○ ○		○ ○ ○ ○	
76	○ ○ ○ ○									

3.2 多项选择

题号	A B C D		A B C D		A B C D		A B C D		A B C D	
29～30							○ ○ ○ ○		○ ○ ○ ○	

4 图片填空

9. 图 39 所示为__________行程；图 40 所示为__________行程；
   图 41 所示为__________行程；图 42 所示为__________行程。

10. 标号 1～5 分别为__________、__________、__________、__________、__________。

11. 标号 1～4 分别为__________、__________、__________、__________。

12. 标号 1～4 分别为__________、__________、__________、__________。

13. 图 46 所示为__________；图 47 所示为__________；图 48 所示为__________。

14. 标号 1～7 分别为__________、__________、__________、__________、__________、
    __________、__________。

15. 标号 1～5 分别为__________、__________、__________、__________、__________。

第4章　飞行器机载设备与飞行控制(答题纸)

班级＿＿＿＿＿＿　姓名＿＿＿＿＿＿　学号＿＿＿＿＿＿

1　基础部分

1.1　单项选择

题号	A B C D		A B C D		A B C D		A B C D		A B C D	
237～240			○ ○ ○ ○		○ ○ ○ ○		○ ○ ○ ○		○ ○ ○ ○	
241～245	○ ○ ○ ○		○ ○ ○ ○		○ ○ ○ ○		○ ○ ○ ○		○ ○ ○ ○	
246～250	○ ○ ○ ○		○ ○ ○ ○		○ ○ ○ ○		○ ○ ○ ○		○ ○ ○ ○	
251～255	○ ○ ○ ○		○ ○ ○ ○		○ ○ ○ ○		○ ○ ○ ○		○ ○ ○ ○	
256～260	○ ○ ○ ○		○ ○ ○ ○		○ ○ ○ ○		○ ○ ○ ○		○ ○ ○ ○	
261～265	○ ○ ○ ○		○ ○ ○ ○		○ ○ ○ ○		○ ○ ○ ○		○ ○ ○ ○	
266～270	○ ○ ○ ○		○ ○ ○ ○		○ ○ ○ ○		○ ○ ○ ○		○ ○ ○ ○	
271～275	○ ○ ○ ○		○ ○ ○ ○		○ ○ ○ ○		○ ○ ○ ○		○ ○ ○ ○	
276～280	○ ○ ○ ○		○ ○ ○ ○		○ ○ ○ ○		○ ○ ○ ○		○ ○ ○ ○	
281～285	○ ○ ○ ○		○ ○ ○ ○		○ ○ ○ ○		○ ○ ○ ○		○ ○ ○ ○	
286～290	○ ○ ○ ○		○ ○ ○ ○		○ ○ ○ ○		○ ○ ○ ○		○ ○ ○ ○	
291～295	○ ○ ○ ○		○ ○ ○ ○		○ ○ ○ ○		○ ○ ○ ○		○ ○ ○ ○	
296～300	○ ○ ○ ○		○ ○ ○ ○		○ ○ ○ ○		○ ○ ○ ○		○ ○ ○ ○	
301～305	○ ○ ○ ○		○ ○ ○ ○		○ ○ ○ ○		○ ○ ○ ○		○ ○ ○ ○	
306～310	○ ○ ○ ○		○ ○ ○ ○		○ ○ ○ ○		○ ○ ○ ○		○ ○ ○ ○	
311～315	○ ○ ○ ○		○ ○ ○ ○		○ ○ ○ ○		○ ○ ○ ○		○ ○ ○ ○	
316～320	○ ○ ○ ○		○ ○ ○ ○		○ ○ ○ ○		○ ○ ○ ○		○ ○ ○ ○	
321～324	○ ○ ○ ○		○ ○ ○ ○		○ ○ ○ ○		○ ○ ○ ○			

1.2　多项选择

题号	A B C D		A B C D		A B C D		A B C D		A B C D	
124～125							○ ○ ○ ○		○ ○ ○ ○	
126～130	○ ○ ○ ○		○ ○ ○ ○		○ ○ ○ ○		○ ○ ○ ○		○ ○ ○ ○	
131～135	○ ○ ○ ○		○ ○ ○ ○		○ ○ ○ ○		○ ○ ○ ○		○ ○ ○ ○	
136～140	○ ○ ○ ○		○ ○ ○ ○		○ ○ ○ ○		○ ○ ○ ○		○ ○ ○ ○	
141～145	○ ○ ○ ○		○ ○ ○ ○		○ ○ ○ ○		○ ○ ○ ○		○ ○ ○ ○	
146～150	○ ○ ○ ○		○ ○ ○ ○		○ ○ ○ ○		○ ○ ○ ○		○ ○ ○ ○	
151～155	○ ○ ○ ○		○ ○ ○ ○		○ ○ ○ ○		○ ○ ○ ○		○ ○ ○ ○	
156～160	○ ○ ○ ○		○ ○ ○ ○		○ ○ ○ ○		○ ○ ○ ○		○ ○ ○ ○	
161～165	○ ○ ○ ○		○ ○ ○ ○		○ ○ ○ ○		○ ○ ○ ○		○ ○ ○ ○	
166～168	○ ○ ○ ○		○ ○ ○ ○		○ ○ ○ ○					

2 深化部分

2.1 单项选择

题号	A B C D		A B C D		A B C D		A B C D		A B C D	
130									○ ○ ○ ○	
131～135	○ ○ ○ ○		○ ○ ○ ○		○ ○ ○ ○		○ ○ ○ ○		○ ○ ○ ○	
136～140	○ ○ ○ ○		○ ○ ○ ○		○ ○ ○ ○		○ ○ ○ ○		○ ○ ○ ○	
141～145	○ ○ ○ ○		○ ○ ○ ○		○ ○ ○ ○		○ ○ ○ ○		○ ○ ○ ○	
146～150	○ ○ ○ ○		○ ○ ○ ○		○ ○ ○ ○		○ ○ ○ ○		○ ○ ○ ○	
151～155	○ ○ ○ ○		○ ○ ○ ○		○ ○ ○ ○		○ ○ ○ ○		○ ○ ○ ○	
156～160	○ ○ ○ ○		○ ○ ○ ○		○ ○ ○ ○		○ ○ ○ ○		○ ○ ○ ○	
161～165	○ ○ ○ ○		○ ○ ○ ○		○ ○ ○ ○		○ ○ ○ ○		○ ○ ○ ○	
166～167	○ ○ ○ ○		○ ○ ○ ○							

2.2 多项选择

题号	A B C D		A B C D		A B C D		A B C D		A B C D	
53～55					○ ○ ○ ○		○ ○ ○ ○		○ ○ ○ ○	
56～60	○ ○ ○ ○		○ ○ ○ ○		○ ○ ○ ○		○ ○ ○ ○		○ ○ ○ ○	
61～65	○ ○ ○ ○		○ ○ ○ ○		○ ○ ○ ○		○ ○ ○ ○		○ ○ ○ ○	

3 拓展部分

3.1 单项选择

题号	A B C D		A B C D		A B C D		A B C D		A B C D	
77～80			○ ○ ○ ○		○ ○ ○ ○		○ ○ ○ ○		○ ○ ○ ○	
81～85	○ ○ ○ ○		○ ○ ○ ○		○ ○ ○ ○		○ ○ ○ ○		○ ○ ○ ○	
86～90	○ ○ ○ ○		○ ○ ○ ○		○ ○ ○ ○		○ ○ ○ ○		○ ○ ○ ○	
91～95	○ ○ ○ ○		○ ○ ○ ○		○ ○ ○ ○		○ ○ ○ ○		○ ○ ○ ○	
96～100	○ ○ ○ ○		○ ○ ○ ○		○ ○ ○ ○		○ ○ ○ ○		○ ○ ○ ○	
101～105	○ ○ ○ ○		○ ○ ○ ○		○ ○ ○ ○		○ ○ ○ ○		○ ○ ○ ○	
106～110	○ ○ ○ ○		○ ○ ○ ○		○ ○ ○ ○		○ ○ ○ ○		○ ○ ○ ○	
111～112	○ ○ ○ ○		○ ○ ○ ○							

3.2 多项选择

题号	A B C D		A B C D		A B C D		A B C D		A B C D	
31～35	○ ○ ○ ○		○ ○ ○ ○		○ ○ ○ ○		○ ○ ○ ○		○ ○ ○ ○	
36～40	○ ○ ○ ○		○ ○ ○ ○		○ ○ ○ ○		○ ○ ○ ○		○ ○ ○ ○	
41～55	○ ○ ○ ○		○ ○ ○ ○		○ ○ ○ ○		○ ○ ○ ○		○ ○ ○ ○	
46	○ ○ ○ ○									

4 图片填空

16. 标号 1～4 分别为__________高度；__________高度；__________高度；__________高度。

17. 标号 1 处气流速度为__________，气压为__________；标号 2 为__________；标号 3 处的气压为__________；标号 4 处的气压为__________；标号 5 为__________。

第 5 章 飞行器构造(答题纸)

班级__________ 姓名__________ 学号__________

1 基础部分

1.1 单项选择

题号	A B C D		A B C D		A B C D		A B C D		A B C D	
325									○ ○ ○ ○	
326～330	○ ○ ○ ○		○ ○ ○ ○		○ ○ ○ ○		○ ○ ○ ○		○ ○ ○ ○	
331～335	○ ○ ○ ○		○ ○ ○ ○		○ ○ ○ ○		○ ○ ○ ○		○ ○ ○ ○	
336～340	○ ○ ○ ○		○ ○ ○ ○		○ ○ ○ ○		○ ○ ○ ○		○ ○ ○ ○	
341～345	○ ○ ○ ○		○ ○ ○ ○		○ ○ ○ ○		○ ○ ○ ○		○ ○ ○ ○	
346～350	○ ○ ○ ○		○ ○ ○ ○		○ ○ ○ ○		○ ○ ○ ○		○ ○ ○ ○	
351～355	○ ○ ○ ○		○ ○ ○ ○		○ ○ ○ ○		○ ○ ○ ○		○ ○ ○ ○	
356～360	○ ○ ○ ○		○ ○ ○ ○		○ ○ ○ ○		○ ○ ○ ○		○ ○ ○ ○	
361～365	○ ○ ○ ○		○ ○ ○ ○		○ ○ ○ ○		○ ○ ○ ○		○ ○ ○ ○	
366～370	○ ○ ○ ○		○ ○ ○ ○		○ ○ ○ ○		○ ○ ○ ○		○ ○ ○ ○	
371～375	○ ○ ○ ○		○ ○ ○ ○		○ ○ ○ ○		○ ○ ○ ○		○ ○ ○ ○	
376～378	○ ○ ○ ○		○ ○ ○ ○		○ ○ ○ ○					

1.2 多项选择

题号	A B C D		A B C D		A B C D		A B C D		A B C D	
169～170							○ ○ ○ ○		○ ○ ○ ○	
171～175	○ ○ ○ ○		○ ○ ○ ○		○ ○ ○ ○		○ ○ ○ ○		○ ○ ○ ○	
176～180	○ ○ ○ ○		○ ○ ○ ○		○ ○ ○ ○		○ ○ ○ ○		○ ○ ○ ○	
181～185	○ ○ ○ ○		○ ○ ○ ○		○ ○ ○ ○		○ ○ ○ ○		○ ○ ○ ○	
186～190	○ ○ ○ ○		○ ○ ○ ○		○ ○ ○ ○		○ ○ ○ ○		○ ○ ○ ○	
191～195	○ ○ ○ ○		○ ○ ○ ○		○ ○ ○ ○		○ ○ ○ ○		○ ○ ○ ○	
196～200	○ ○ ○ ○		○ ○ ○ ○		○ ○ ○ ○		○ ○ ○ ○		○ ○ ○ ○	
201～205	○ ○ ○ ○		○ ○ ○ ○		○ ○ ○ ○		○ ○ ○ ○		○ ○ ○ ○	
206～210	○ ○ ○ ○		○ ○ ○ ○		○ ○ ○ ○		○ ○ ○ ○		○ ○ ○ ○	
211～215	○ ○ ○ ○		○ ○ ○ ○		○ ○ ○ ○		○ ○ ○ ○		○ ○ ○ ○	
216～220	○ ○ ○ ○		○ ○ ○ ○		○ ○ ○ ○		○ ○ ○ ○		○ ○ ○ ○	
221～225	○ ○ ○ ○		○ ○ ○ ○		○ ○ ○ ○		○ ○ ○ ○		○ ○ ○ ○	
226	○ ○ ○ ○									

2 深化部分

2.1 单项选择

题号	A B C D		A B C D		A B C D		A B C D		A B C D	
168～170					○ ○ ○ ○		○ ○ ○ ○		○ ○ ○ ○	
171～175	○ ○ ○ ○		○ ○ ○ ○		○ ○ ○ ○		○ ○ ○ ○		○ ○ ○ ○	
176～180	○ ○ ○ ○		○ ○ ○ ○		○ ○ ○ ○		○ ○ ○ ○		○ ○ ○ ○	

题号	A B C D		A B C D		A B C D		A B C D		A B C D	
181～185	○ ○ ○ ○		○ ○ ○ ○		○ ○ ○ ○		○ ○ ○ ○		○ ○ ○ ○	
186～190	○ ○ ○ ○		○ ○ ○ ○		○ ○ ○ ○		○ ○ ○ ○		○ ○ ○ ○	
191～195	○ ○ ○ ○		○ ○ ○ ○		○ ○ ○ ○		○ ○ ○ ○		○ ○ ○ ○	
196～200	○ ○ ○ ○		○ ○ ○ ○		○ ○ ○ ○		○ ○ ○ ○		○ ○ ○ ○	
201～205	○ ○ ○ ○		○ ○ ○ ○		○ ○ ○ ○		○ ○ ○ ○		○ ○ ○ ○	

2.2 多项选择

题号	A B C D		A B C D		A B C D		A B C D		A B C D	
66～70	○ ○ ○ ○		○ ○ ○ ○		○ ○ ○ ○		○ ○ ○ ○		○ ○ ○ ○	
71～75	○ ○ ○ ○		○ ○ ○ ○		○ ○ ○ ○		○ ○ ○ ○		○ ○ ○ ○	
76～80	○ ○ ○ ○		○ ○ ○ ○		○ ○ ○ ○		○ ○ ○ ○		○ ○ ○ ○	

3 拓展部分

3.1 单项选择

题号	A B C D		A B C D		A B C D		A B C D		A B C D	
113～115					○ ○ ○ ○		○ ○ ○ ○		○ ○ ○ ○	
116～120	○ ○ ○ ○		○ ○ ○ ○		○ ○ ○ ○		○ ○ ○ ○		○ ○ ○ ○	
121～125	○ ○ ○ ○		○ ○ ○ ○		○ ○ ○ ○		○ ○ ○ ○		○ ○ ○ ○	
126～130	○ ○ ○ ○		○ ○ ○ ○		○ ○ ○ ○		○ ○ ○ ○		○ ○ ○ ○	
131～135	○ ○ ○ ○		○ ○ ○ ○		○ ○ ○ ○		○ ○ ○ ○		○ ○ ○ ○	

3.2 多项选择

题号	A B C D		A B C D		A B C D		A B C D		A B C D	
47～50			○ ○ ○ ○		○ ○ ○ ○		○ ○ ○ ○		○ ○ ○ ○	
51～55	○ ○ ○ ○		○ ○ ○ ○		○ ○ ○ ○		○ ○ ○ ○		○ ○ ○ ○	
56～60	○ ○ ○ ○		○ ○ ○ ○		○ ○ ○ ○		○ ○ ○ ○		○ ○ ○ ○	
61～65	○ ○ ○ ○		○ ○ ○ ○		○ ○ ○ ○		○ ○ ○ ○		○ ○ ○ ○	
66	○ ○ ○ ○									

4 图片填空

18. 标号1～6分别为__________、__________、__________、__________、__________、__________。

19. 标号1～9分别为__________、__________、__________、__________、__________、__________、__________、__________、__________。

20. 标号1～4分别为__________、__________、__________、__________。

21. 标号1～3分别为__________、__________、__________。

22. 标号1～6分别为__________、__________、__________、__________、__________、__________。

23. 标号1～3分别为__________、__________、__________。

24. 标号1～5分别为__________、__________、__________、__________、__________。

25. 标号1～3分别为__________、__________、__________。

26. 标号1～4的分别为__________、__________、__________、__________。

27. 标号1～4的分别为__________、__________、__________、__________。

28. 图63所示为__________；图64所示为__________；图65所示为__________。

第 6 章　地面试验与地面保障设施(答题纸)

班级＿＿＿＿＿＿　姓名＿＿＿＿＿＿　学号＿＿＿＿＿＿

3　拓展部分

3.1　单项选择

题号	A B C D		A B C D		A B C D		A B C D		A B C D	
136～140	○ ○ ○ ○		○ ○ ○ ○		○ ○ ○ ○		○ ○ ○ ○		○ ○ ○ ○	
141～145	○ ○ ○ ○		○ ○ ○ ○		○ ○ ○ ○		○ ○ ○ ○		○ ○ ○ ○	

3.2　多项选择

题号	A B C D		A B C D		A B C D		A B C D		A B C D	
67～70			○ ○ ○ ○		○ ○ ○ ○		○ ○ ○ ○		○ ○ ○ ○	
71～75	○ ○ ○ ○		○ ○ ○ ○		○ ○ ○ ○		○ ○ ○ ○		○ ○ ○ ○	
76	○ ○ ○ ○									

4　识图部分

图 66 为＿＿＿＿＿＿＿＿＿＿＿＿＿＿＿＿＿＿＿＿＿＿＿＿＿＿＿＿；

图 67 为＿＿＿＿＿＿＿＿＿＿＿＿＿＿＿＿＿＿＿＿＿＿＿＿＿＿＿＿；

图 68 为＿＿＿＿＿＿＿＿＿＿＿＿＿＿＿＿＿＿＿＿＿＿＿＿＿＿＿＿；

图 69 为＿＿＿＿＿＿＿＿＿＿＿＿＿＿＿＿＿＿＿＿＿＿＿＿＿＿＿＿；

图 70 为＿＿＿＿＿＿＿＿＿＿＿＿＿＿＿＿＿＿＿＿＿＿＿＿＿＿＿＿；

图 71 为＿＿＿＿＿＿＿＿＿＿＿＿＿＿＿＿＿＿＿＿＿＿＿＿＿＿＿＿；

图 72 为＿＿＿＿＿＿＿＿＿＿＿＿＿＿＿＿＿＿＿＿＿＿＿＿＿＿＿＿。